军队"2110 工程"资助项目

高频电路基础

主　编　余志勇
副主编　王　忠　苗　倩

西北工业大学出版社

西安

【内容简介】 本书主要是针对在电子工程、信息工程专业某些方向上高频电路的理论课学时有限(不超过 30 学时)、后续课程学习仅需该课程提供基本概念和单元电路原理支撑的课程体系特点和人才培养需求而编写的。本书比较系统地介绍无线收发设备主要单元电路的组成、工作原理和基本分析方法,主要内容包括高频电路基础知识、高频谐振放大器、正弦波振荡器、模拟调制与解调和反馈控制电路等。

本书强调物理概念和基本原理的描述,精选内容、突出重点,适当控制篇幅,便于教学实施,可以作为高等学校工科相关专业电子信息技术基础课教材,也可作为学习和了解高频电路知识的入门参考书。

图书在版编目(CIP)数据

高频电路基础/余志勇主编 . —西安:西北工业大学出版社,2019.4

ISBN 978 - 7 - 5612 - 6435 - 5

Ⅰ.①高… Ⅱ.①余… Ⅲ.①高频-电子电路-高等学校-教材 Ⅳ.①TN710.2

中国版本图书馆 CIP 数据核字(2019)第 064557 号

GAOPIN DIANLU JICHU

高 频 电 路 基 础

责任编辑:孙 倩		策划编辑:杨 军	
责任校对:朱辰浩		装帧设计:	

出版发行:西北工业大学出版社

通信地址:西安市友谊西路 127 号　　邮编:710072

电　　话:(029)88491757, 88493844

网　　址:www.nwpup.com

印 刷 者:陕西天意印务有限责任公司

开　　本:787 mm×1 092 mm　　1/16

印　　张:10.375

字　　数:272 千字

版　　次:2019 年 4 月第 1 版　　2019 年 4 月第 1 次印刷

定　　价:39.00 元

如有印装问题请与出版社联系调换

前　言

　　高频电路是电子工程、信息工程等专业的重要技术基础课程,理论性、工程性和实践性都很强,内容丰富、应用广泛,新技术和新器件发展迅速,多数专业方向的人才培养方案都为该课程设置理论授课学时数 50 学时以上,但是也有部分方向的学时数有限(不超过 30 学时),而且后续课程仅需该课程提供高频电路的基本概念和部分单元电路原理支撑。本书是专门针对这一需求而编写的,同时也可作为非电子信息类专业(比如控制专业)想了解高频电路基础知识的读者的一本入门书。

　　本书强调物理概念和基本原理的描述,适当控制篇幅,便于教学实施,以后续课程中经常用到的模拟无线收发系统功能电路为主,精选内容、突出重点,主要讲解基本概念和基本单元电路的原理,并有针对性地介绍一些新技术的有关概念、发展概况和典型应用。

　　全书共分 6 章。第 1,5,6 章由余志勇编写,第 2 章由余志勇和苗倩共同编写,第 3,4 章由王忠和余志勇共同编写。余志勇任主编,并负责全书的统稿。王忠在编写过程中完成了大量的整理和校对工作,苗倩在前期准备工作中完成了很多有效的工作。

　　感谢火箭军工程大学姚敏立教授、姜勤波副教授、李艳玲副教授对本书提出的宝贵意见和建议。本书的编写得到了火箭军工程大学教务处的大力支持和原作战保障学院刘兰富院长的关心和指导,在此谨致谢意。

　　由于学识有限,书中不妥之处在所难免,敬请读者指正。

编　者

2017 年 11 月于西安

目　　录

第1章 绪 论

在大量电子信息化设备和系统(尤其是无线收发系统)中不可或缺的高频电子线路(简称高频电路),主要用于解决工作频率大约在 3 GHz 以下的电子线路在高频信号产生、放大、发射、接收和处理等各个环节所涉及的频谱资源共享、高频功率放大和信号选频接收等方面的原理和技术问题,使存在于共同电磁环境中具有不同用途的高频信号既能够被迅速、准确、不失真地传输和处理,又能够在频谱上错开(或复用)而互不干扰。高频电路虽然与低频电路具有共同的电路理论和电子技术基础且有所传承,但是在高频条件下的新概念和新问题,特别是线性电路的选频(滤波)、非线性电路的变频(频谱变换、搬移和复用)等问题,必须区别对待并采用不同的方法深入探究。作为开篇,本章将介绍高频电路中电信号的基本类型和特性、无线收/发系统的种类、组成及超外差结构的特点,并简要分析高频电路课程的主要特点,给出内容总体框架及建议学时。

1.1 高频电路中的电信号

绝大多数电子信息化设备和系统都利用电信号来传递信息。传输电信号的媒质(或介质)可以是有线,也可以是无线。其中,利用电磁波的无线电信号传输最能体现高频电路的应用特点,即完成无线电信号的产生、放大、变频和接收。尽管不同的无线收/发系统在传递消息的形式、工作方式以及设备体制组成等方面都有很大的差异,但是高频信号产生、放大、变频和接收的基本单元电路都是基本一致的。因此,下面首先来讨论高频电路中电信号的一些基本特性。

1.1.1 高频电信号的类型

从高频电路主要完成电信号变频(频谱变换、搬移或复用)任务的角度来看,高频电信号主要有基带信号、载波信号和已调信号。

1. 基带信号

基带信号是指在系统中反映原始信息的电信号,也称原始信号。一般地,基带信号都不便或不能直接传送。电子信息系统传送的原始消息(比如语言、文字、图像和数据等)通常要通过换能器(比如麦克风、摄像机、数模转换器等)转换成模拟电信号(电压或电流)以便处理与传送。

比如,人耳可听到的语音(声波)频率范围为 20 Hz～20 kHz,在空气中的传播速度约为 340 m/s。它衰减很快,易受遮挡和干扰,很难把语音(声波)直接传送至很远的地方,因而需要将其变成电信号(与声波变化规律相同)后经过适当的处理(调制)再以有线或无线的方式传送出去。类似地,要远距离地传送文字、图像和数据信息等,也需要通过类似的转换和处理才能实现。

性质不同的基带电信号又有不同的名称,例如语音(声波)信号常叫"音频信号",图像信号习惯上叫作"视频信号",反映雷达目标速度的信号常叫作"多普勒信号"。相对于其他两类电信号(载波信号、已调信号)而言,基带信号所占用的频率(或频段)一般都比较低,在高频电路中往往又叫作"低频信号",在调制解调电路中也称为"调制信号"。

2. 载波信号

在无线收/发系统中,基带信号也不宜直接以无线电波方式来传送:一是因为基带信号的频率比较低(波长比较长),直接辐射天线时效率很低且体积太大;二是不同性质的基带信号几乎分布在同一频率范围之内,若直接传送基带电信号,则会在同时传送多路信号时产生干扰,接收时也很难正确地分离。因此,必须把传送的基带(原始)电信号在时域、频域或空域内分开,同时还要把它们"搬移"到适宜无线电波有效辐射的频率点上去。

高频电路的主要任务之一就是将不同来源的基带信号在频域内分开和搬移,也就是把欲传送的多路基带信号分别"加载"到不同频率的高频振荡信号之上。这一加载过程通常叫作"调制"(或者"变频")。其中,被加载的高频振荡信号称为"载波",其频率称为"载频"或"中心频率"(常用符号 f_c 或 ω_c 表示)。

如图 1-1 所示为两路不同的基带信号被加载到频率分别为 28 MHz,280 MHz 的载波信号上。载波信号就像一种交通工具或运输平台一样将基带(原始)信号装载上,"调制"(或者"变频")使多路基带信号能够同时、高效地传送而不会产生电磁频谱重叠或相互干扰的问题。

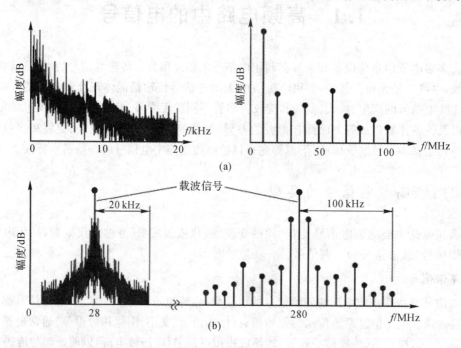

图 1-1 基带信号、载波信号和已调信号的频谱

(a)两路基带信号; (b)两路已调信号

3. 已调信号

载波信号载上基带(原始)信号以后的高频信号称为"已调信号"或"频带信号",其中基带(原始)信号为调制信号。已调信号可以通过电缆、光缆把信息传送到接收端,也可以通过天线

辐射出高频电磁波而将信息传送至接收机。通过天线辐射时,已调信号常称为"射频信号"。

若已调(射频)信号是通过线性频谱搬移获得的,那么已调信号所占的频带宽度往往是基带信号频带宽度的 1 倍或 2 倍(见图 1-1),工程中常用载波频率(中心频率 f_c 或 ω_c)来代表已调(射频)信号的工作频率(f_r 或 ω_r)。工作频率越高,可利用的总频带(或称波段)就越宽,所以利用高频已调信号可以在同一波段内同时传送多路不同的信息;此外,某些频带比较宽的原始信号(如雷达信号、图像信号和多路话音信号等)只能在比较高的频率上传输,比如电视图像信号频带宽度约为 6 MHz,适宜在超短波(大于 30 MHz)以上的频率上传输。

综上所述,高频电路中的基带信号、载波信号、已调信号可以从频谱上直观地区分开来(见图 1-1):基带信号的频率比较低,通常占据一定的频带;载波信号的频率很高,通常是一个单频的振荡信号;已调信号则可以看成是基带信号通过频谱搬移至载波频率处的频带信号。

1.1.2 电信号的基本特性

高频电路中电信号有多方面的特性,与理解电路工作过程与基本原理密切相关的主要是时间(域)特性、频谱(域)特性、传播特性和调制特性等。

1. 时间(域)特性

在时域内,电信号可以表示为电压 u(或电流 i)的时间函数,通常用时域波形或数学表达式(时间函数)来描述。对于比较简单的确定性信号(如正弦波、周期性方波等),用这种方法表示比较方便。

电信号的时间特性则主要是指信号随时间变化快慢的特性。比如,在一个标准的调幅(AM)信号中,基带信号通常是随时间慢变化的信号(表现为幅度包络),载波信号则是随时间快变化的信号(见图 1-2)。一般地,信号的时间特性必须与电路的时间特性(如时间常数)相适应,高频电路才能正常工作。

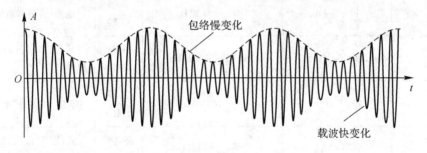

图 1-2 标准调幅(AM)信号的时间特性

需要指出的是,同一射频信号中存在不同时间特性的信号分量,会使电路在时域的测试或仿真分析变得困难,因为慢变化信号需要较长的测试或仿真时间,而快变化信号需要更小的时基(Time Scale)或仿真时间步长(Time Step),从而会在观测慢信号"全貌"与快信号"细节"上产生资源冲突,两者难以兼顾。

2. 频谱(域)特性

自然界中存在的电磁波的频谱很宽,包括无线电波、红外线、可见光、紫外线、X 射线和宇宙射线等。其中无线电波只是一种波长较长（频率较低）的电磁波，占据着比较宽的频率范围，通常在 $10^4 \sim 10^{11}$ 量级（见图 1-3）。

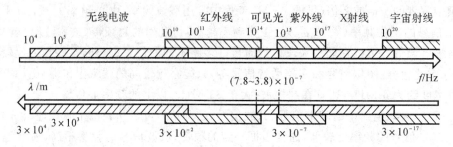

图 1-3　自然界中电磁波的频谱

（1）无线电波的频（波）段划分。对电磁波的频率或波长进行分段，分别称为频段或波段。不同频段的信号在产生、放大和接收的方法上都有所不同，传播能力和传播方式也不完全一样，因而分析它们的方法和应用范围也各不相同。在自由空间中，电磁波频率（f）与波长（λ）之间满足关系式：

$$\lambda = c/f \qquad \text{或} \qquad f = c/\lambda \tag{1-1}$$

式中　c—— 光速，在空气中可取 3×10^8 m/s。

在表 1-1 中列出了无线电波的频（波）段划分、主要传播方式和用途。关于波长和频率范围的划分主要为了便于工程估算，主要传播方式和用途也并不绝对，相邻频段间并没有严格的分界线。

表 1-1　无线电波的频（波）段划分

波段名称		波长范围	频率范围	频段名称	主要传播方式和用途
长波（LW）		10～1 km	30～300 kHz	低频（LF）	地波；远距离通信
中波（MW）		1 km～100 m	300 kHz～3 MHz	中频（MF）	地波、天波；广播、通信、导航
短波（SW）		100～10 m	3～30 MHz	高频（HF）	天波、地波；广播、通信
超短波（VSW）		10～1 m	30～300 MHz	甚高频（VHF）	直线、对流层散射；通信、电视、广播、雷达
微波	分米波（USW）	1 m～10 cm	300 MHz～3 GHz	特高频（UHF）	直线、散射传播；通信、中继与卫星通信、雷达、电视广播
	厘米波（SSW）	10～1 cm	3～30 GHz	超高频（SHF）	直线传播；中继和卫星通信、雷达
	毫米波（ESW）	1 cm～1 mm	300～300 GHz	极高频（EHF）	直线传播；微波通信、雷达

微波频段主要用于雷达,通常按工作波段或频率来对雷达进行分类。比如:按波段的名称有 L 波段雷达、S 波段雷达和 X 波段雷达等;以波长来称呼雷达有米波雷达、分米波雷达、厘米波雷达和毫米波雷达等,故在雷达工程中常采用一些符号来代表微波频段内一定的频率范围(见表 1-2)。

表 1-2 雷达或微波工程惯用的波段符号

原用波段符号	频率范围	现用波段符号	频率范围
VHF	30～300 MHz	I	100～150 MHz
UHF	300 MHz～1 GHz	G	150～225 MHz
P	230 MHz～1 GHz	P	225～390 MHz
L	1～2 GHz	L	390 MHz～1.55 GHz
S	2～4 GHz	S	1.55～3.9 GHz
C	4～8 GHz	C	3.9～6.2 GHz
X	8～12.5 GHz	X	6.2～10.9 GHz
Ku	12.5～18 GHz	K	10.9～36 GHz
K	18～26.5 GHz	Q	36～46 GHz
Ka	26.5～40 GHz	V	46～56 GHz

(2)复杂信号的频谱表示。用频谱分析法来表示比较复杂的信号(如话音信号、图像信号和雷达信号等)更为方便。根据傅里叶级数和傅里叶变换理论,在工程中几乎任何信号都可以分解为许多不同频率、不同幅度的正弦(余弦)信号之和,比如在图 1-4 中有重复频率 $F=5$ kHz 的双极性方波脉冲可分解为基波分量和奇次谐波分量之和。一般地,周期性信号可以表示为许多离散的频率分量(各分量间成谐频关系),谐波次数越高,信号分量幅度越小,对原信号主要成分的影响也就越小,所以在应用中往往忽略信号高次谐波的影响。非周期性信号可以利用傅里叶变换分解为连续谱(见图 1-1),信号为连续谱的积分。信号频谱特性包含幅频特性和相频特性两部分,分别反映信号中各个频率分量的振幅和相位的分布情况。

(3)"高频"的几种解释。在上述讨论中,多次出现"高频"这一概念或术语。高频电路中的"高频",狭义地解释,它是一个数量概念,比如在表 1-1 所示的频(波)段划分中,"高频(HF)"的频率范围为 3～30 MHz,即短波频段。更广义地解释,"高频"常为"射频"的等同术语,即指能够采用无线电的方式发射和传播的频率,工程上一般在 9 kHz 以上的频率都可以称为"射频",这时并不特别关心频率高低的数量特性,而是强调以电磁辐射为主的功能特点。

在工程上,若信号在电子电路里工作即认为是"低频"问题,若信号用天线发射出去就属于"射频"问题。信号在电子电路里工作时,"高频"既常与"基带""中频"(注意此处"中"是"前、中、后"之概念)相对而论,同时又与"射频"等同。从电路尺寸和信号波长(λ)的相对关系来理解,只要电路尺寸比工作波长小得多(工程上取 $\lambda/10$ 以下),电路可以用集中(总)参数来分析,都可以认为是属于"高频电路"范畴,但它本质上仍属"低频"问题,因为它可以采用集中(总)参数的方法和电"路"的概念来分析与实现。若信号波长与设备或电路的尺寸相当(大于 $\lambda/10$),

一般应采用分布参数的方法和电磁"场"的概念来分析与实现,电磁辐射模式占优,所以它就属于"高频"问题。

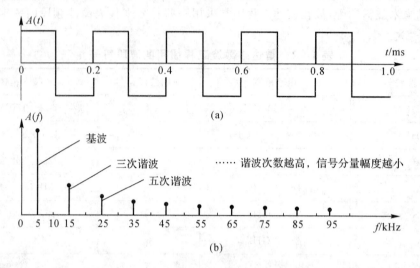

图 1-4 双极性方波脉冲信号及其谐波频谱
(a)时域波形; (b)谐波频谱

因此,"高频"概念的使用和理解要注意场合,大致上可以区分为四种情况来理解:一是作为数量概念,强调频率的高低和波段的划分;二是与"射频"等同理解,主要强调电磁辐射;三是在高频电路中与基带、中频对应,以区分信号频谱的搬移过程;四是理解为一种观点或方法,强调信号波长与电路尺寸的相关性而需要区分不同的处理方法。

3.传播特性

电信号从发送到接收,中间要经过传输媒质。根据传输媒质的不同,可以分为有线传输与无线传输两大类。有线传输的媒质主要有双线对电缆、同轴电缆和光纤(光缆)等;无线传输的媒质主要是自由空间。

(1)有线传输。双线对电缆(Double Wires Cable)由若干对双线组成电缆,每对线是一个传输路径。为了减少串音干扰(Cross-Talk),每对线应扭绞起来。这种传输媒质主要用于频率较低时的载波电话和低速数据通信。

当频率较高时,为了减小传输衰减,传输电信号不宜采用双线对,而需要采用同轴电缆(Coaxial Cable),主要解决高频信号在导体表面的集肤效应、双线对的电磁辐射损耗以及电缆之间的串扰问题。同轴电缆外层的金属外套有屏蔽作用,可以把高频信号限制在电缆内传输,也可以防止外界电磁环境对信号的干扰。在远距离有线通信中,现在同轴电缆已基本上被光缆所代替。

光缆(Optical Cable)是由若干光纤维制成的信号传输线缆。光纤维是非常细的玻璃丝,直径为 $100~\mu m$ 或更细,衰耗小于 $1~dB/km$,在有线通信中应用十分广泛。光缆通信主要优点在于工作频率极高,故信息容量极大。比如,波长为 $0.3~\mu m$ 的光信号,频率为 $10^{15}~Hz$,取其 1% 作为信号工作带宽频率即可达 $1~000~GHz$,在这一带宽内则可容纳 33 亿路电话。

(2)无线传输。无线传输特性主要是指无线电信号的传播方式、传播距离和传播特点等。

地球表面及空间层的环境条件不同,无线电波因频率或波长不同,在自由空间的传播特性也不同,故无线电信号的传播特性主要根据其所处的频段或波段来区分。

电磁波从发射天线辐射出去后,经过自由空间到达接收天线的传播途径可分为两大类——地波(Ground Wave)和天波(Sky Wave)。地波又分两种:一种是地面波,电磁波沿地面传输(见图 1-5(a));另一种是空间波,发射天线与接收天线离地面较高,接收点的电磁波由直射波与地面反射波合成(见图 1-5(b))。天波则是主要经过离地面 100～500 km 的电离层(Ionosphere)反射后传送到接收点的电磁波(见图 1-5(c))。

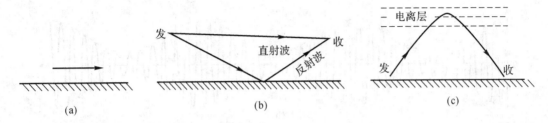

图 1-5 电磁波的几种传播方式示意
(a)地面波; (b)空间波; (c)天波

一般地,中、低频(中、长波)信号以地波方式绕射传播,传播距离远且比较稳定,多用作远距离通信与导航;短波沿地面传播的距离则比较近,远距离传播主要依靠电离层的反射(即天波);频率较高的超短波和微波,主要是沿自由空间直(视)线(LOS,Line of Sight)传播(视距传播),有些场合也采用对流层散射传播。

1.1.3 电信号传输原理

信息传送对人类的重要性不言而喻,从利用烽火(古老的光通信)、旗语、信鸽和驿站快马到利用电信号,远距离、迅速、准确传送信息一直是人类不断追寻的重要目标之一。电信号以光速传播,为远距离快速信息传送奠定了物质基础。有线电报是人类利用电信号传达信息的最初形式,之后又相继发明了有线电话、无线电等,现在无线电已成为人类进行远距离、迅速而准确信息传送的基本形式。

1. 无线电信号的产生与发射

要完成无线电通信,首先要产生高频率的载波信号,然后设法将电报、电话或其他原始信号"装载"至载波信号上。在无线电技术中,常采用振荡器(Oscillator)产生高频载波信号,它可以看成是将直流电能转变为交流电能的换能器。为了提高发射信号的频率稳定度、增加输出功率,常在振荡器之后增加缓冲器与放大器,将发射功率提高到所需要的水平之后再发射出去。把原始信号(如电话信号)"装载"至高频载波信号的过程称为调制(Modulation),已调信号载着原始信号向空间辐射。调制的方法大致可以分为两大类:连续波调制和脉冲调制。载波信号 $A\cos(\omega t + \varphi)$ 有三个参数可以被改变:振幅 A、频率 f(角频率 $\omega = 2\pi f$)、相角 φ。

利用连续的原始信号(比如话音电压信号)来控制载波信号,其中一个参数的改变就是连续波调制,从而可以得到三种调制方式:幅度调制(Amplitude Modulation,AM,简称调幅)、频率调制(Frequency Modulation,FM,简称调频)、相位调制(Phase Modulation,PM,简称调相）。其中，FM 和 PM 又统称为角度调制（简称调角）。如图 1-6 所示为三种连续调制方式的已调信号波形，其中图 1-6(a) 所示是原始信号，图 1-6(b) 所示是 AM 调制信号，图 1-6(c) 所示是 FM 调制信号，图 1-6(d) 所示是 PM 调制信号。

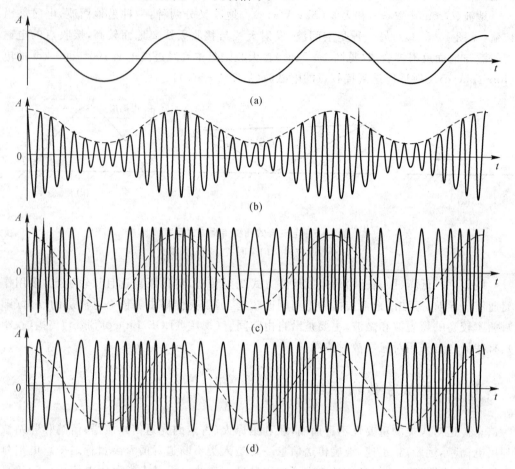

图 1-6 连续调制方式的已调信号波形

(a) 原始信号（调制信号）； (b) AM 调制（实线为已调信号）；

(c) FM 调制（实线为已调信号）； (d) PM 调制（实线为已调信号）

脉冲调制（Pulse Modulation）首先要使脉冲信号本身的参数（振幅、脉冲宽度、脉冲位置等）按原始信号的规律变化使脉冲本身先载上信息，然后再用这个已调脉冲数字信号对载波进行调制。由此可见，脉冲调制是一个双重调制过程：先用原始信号调制脉冲，后用已调脉冲对载波进行调制。这就是所谓的"二级（二次）调制"，因为它多用于数字信号的传送，所以也称数字调制（Digital Modulation）。

已调信号在发射之前通常还需要多次或多级倍频和混频（Mixer）。倍频即加倍已调信号的载波（中心）频率，也加倍信号的带宽（频偏）；而混频只改变信号的载波（中心）频率，不改变信号的带宽，即实现频谱的线性搬移。把已调信号的载波（中心）频率提高到所需的数值后，经过功放推动级将信号功率提高到能推动末级功放的电平。末级功放则将输出功率提高到所需的发射功率电平，经过天线将已调信号发射出去。

2. 无线电信号的接收

无线电信号的接收主要有以下三个环节：首先是射频信号接收，在接收处用接收天线（Receiving Antenna）将空中无线电信号（电磁波）转变为电压或电流波（已调信号），也就是把"场信号"转换为"路信号"，无线电信号的接收进入"高频电路"环节；然后，高频电路从已调波（电流/电压）中检出原始信号，这一过程正好和发送过程相反，称为解调（Demodulation）；最后，把检出的"原始"信号放大，利用换能器将电能转换成可理解的形式（比如用听筒或喇叭将音频电流转换为声音，用显示器将视频转换为图像等）。

若已调信号是 AM 波，则常把信号的解调称为"检波"；若已调信号是 FM 波，则称为"鉴频"；若已调信号是 PM 波，则称为"鉴相"。接收天线所收到的电磁波比较微弱，所以在检波（解调）之前要增加一级或多级高频小信号放大器。

将接收到的高频信号直接放大后就进行检波（解调）的接收机称为直接放大式接收机。这种接收机结构简单，但是对于不同的频率其灵敏度（Sensitivity）和选择性（Selectivity）变化比较剧烈，从而使其性能很不稳定，现在已基本不用。现在的接收机大多数都采用"超外差式"（Super - heterodyne Receiver）接收机。

超外差接收机在（检波）解调之前要增加一级或多级混频，接收的射频信号（设其中心或载波频率为 f_r）在放大后与混频器本地振荡信号（简称本振，设其频率为 f_L）混合（频率相加或相减）得到中频信号，中频频率（f_I）就可表示为

$$f_I = |f_L \pm f_r| \tag{1-2}$$

中频信号与射频信号相比，除了中心频率不同以外，在频带和所包含的信息等方面是完全一致的。

改变混频器本振信号的频率 f_L，就可以把不同载波频率的射频信号转换为相同（固定）的中频 f_I——这就是所谓的"外差（Heterodyne）"作用。在实际应用中，式（1-2）一般取差值，从而使 f_I 在数值上比 f_L 和 f_r 都要小很多，于是就有了"超外差接收机"这一名称。由于中频 f_I 是固定不变的，因此混频之后的中频放大器在选择性、增益等指标方面都不受射频载波的变化影响，从而有效克服了直接放大式接收机的致命弱点。

混频器与本地振荡器往往合并在同一电路中而合称为"变频器"。若取频率差值则称下变频（Down Converter），若取频率和值则称上变频（Up Converter）。可以看出，中频 f_I 的数值在"下变频"时要比 f_L、f_r 小，在"上变频"时要比 f_L、f_r 大。因此，超外差接收机中的"中频"，本质上并不是一个数量上的概念，而是指存在于"射频接收"和"解调（检波）"之间的一个"中间环节"。

随着软件无线电技术的发展和广泛应用，现代数字接收机"中频"之后的"解调"环节已基本实现数字化和软件化，设计不同功能的软件就可以使接收机完成不同的信号接收任务。软件无线电是指在标准化、模块化和通用化的硬件单元以总线或交换模式构成的通用平台上，通过加载标准化、模块化和通用化的软件而实现各种无线通信功能的一种开放式体系结构和技术，主要体现在自适应智能天线、高速 A/D 和 D/A、数字下变频、高速信号和信令处理等多个方面。在无线电通信领域内，该技术已被视为继模拟到数字、固定到移动之后的"第三次通信技术革命"。随着微电子技术特别是高速 A/D 和 D/A 技术的发展，全数字化软件接收机将会越来越普及，全数字化直接放大式接收机将以"零中频"接收的方式焕发新的活力。

1.2 发射机和接收机的组成

无线电收/发系统的类型很多,按照传输方式、频率范围和功用性能等各方面的指标要求,其设备组成及复杂程度都有很大的差异,但是它们的基本组成却是大致相同的。下面,先简单介绍无线收/发系统的类型,然后以模拟话音无线收/发系统和雷达收/发系统的典型结构为例来讨论发射机和接收机的基本组成。

1.2.1 无线收/发系统的类型

可以根据几种不同的方法来划分无线收/发系统的类型。按照系统关键部分的不同特性,无线收/发系统可以区分为以下几种:

(1)按照工作频段或传输手段分类,有中波通信、短波通信、超短波通信、微波通信和卫星通信等。所谓工作频率,主要指发射与接收的射频频率。

(2)按照调制方式的不同来分类,有调幅、调频、调相以及混合调制等。

(3)按照传送的消息类型来分类,有模拟通信和数字通信,也可以分为话音通信、图像通信、数据通信和多媒体通信等。

(4)按照作用功能来分类,有通信、雷达、导航、引信等无线收/发系统。

(5)按照通信方式来分类,主要有全双工、半双工和单工方式。所谓单工通信,指的是只能发或收的方式;半双工通信是一种既可以发也可以收但不能同时收/发的通信方式;而双工通信是一种可以同时收/发的通信方式。

1.2.2 模拟话音无线收/发系统基本组成

如图1-7所示为典型模拟话音无线收/发系统的基本组成框图,发射机和接收机是无线电通信系统的核心部件,它们是为了使基带信号在信道中有效和可靠地传输而设置的。天线和天线开关为收/发共用设备。信道为自由空间。话筒和扬声器属于通信的终端设备,分别为信源和信宿。

发射机主要完成调制、上变频和功率放大等功能。音频放大输出信号控制振荡器的某个参数,从而实现调制;已调制信号的频率若不够高,可根据需要进行倍频或上变频;若幅度不够大,可根据需要进行若干级放大,最后经高频功率放大器根据信号的用途和所需要传输的距离进行放大,再经发射天线辐射出去。

接收机主要任务是在保证信号质量的前提下有选择地放大空中微弱电磁信号,并恢复有用的信号。接收机通常采用超外差形式,在通过高频小信号放大后进行混频,取出中频后再进行中频放大,然后进行解调(调制的逆过程)。超外差接收的主要特点是由频率固定的中频放大器来完成对接收信号的选择和放大的。当信号频率改变时,只要相应地改变本地振荡器频率即可。

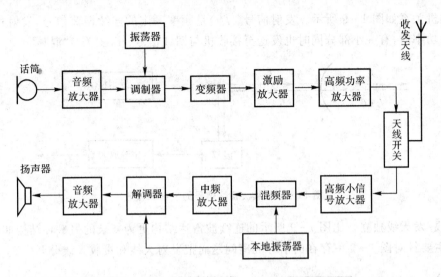

图 1-7 典型模拟话音无线收/发系统的基本组成框图

1.2.3 雷达收/发系统基本组成

现在以脉冲雷达、连续波雷达和动目标显示雷达为例,简要介绍雷达收/发系统的典型结构,它们大多都采用"超外差"结构来实现雷达信号的接收。

1.脉冲雷达收/发系统典型结构

脉冲雷达的发射机和接收机的典型结构如图 1-8 所示,其发射机主要包括调制器和高频振荡器两个部分。

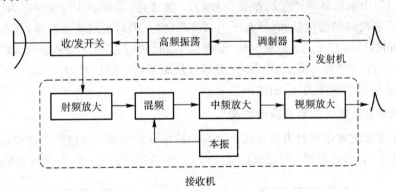

图 1-8 脉冲雷达发射机和接收机的典型结构

脉冲雷达的接收机采用"超外差"结构,信号经"射频放大"后进行"混频",以降低后续处理电路的复杂度和实现难度。

2.连续波雷达收/发系统典型结构

连续波雷达收/发系统主要有两种类型:共用收/发天线,收/发天线独立。

(1)共用收/发天线。共用收/发天线的连续波雷达发射机和接收机共用一个天线,其发射机和接收机关系如图 1-9 所示。发射信号(f_0)是频率一定的连续振荡信号,发射机往天线传送信号功率时,有一小部分同时也发送至接收机与回波信号($f_0 \pm f_d$)"混频"。

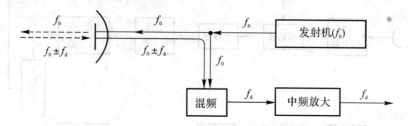

图 1-9　连续波雷达信号的发射和接收

(2)收/发天线独立。比图 1-9 所示的连续波雷达结构更为复杂的另一种结构如图 1-10 所示,它主要针对图 1-9 中存在的信号隔离问题而把发射天线和接收天线分开。

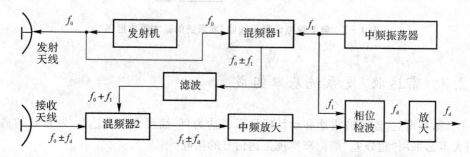

图 1-10　连续波雷达的收/发天线分离结构

在图 1-10 中,发射机工作频率为 f_0,把产生的大部分功率送给天线,另有一小部分功率送到"混频器 1";中频振荡器产生的振荡信号(f_1)也送到"混频器 1",与频率为 f_0 的信号混频。"混频器 1"输出的频谱包括和频($f_0 + f_1$)、差频($f_0 - f_1$),也可能还有载频(f_0)成分,通过滤波器取出和频信号($f_0 + f_1$)并输出至"混频器 2";和频($f_0 + f_1$)与从接收天线收到的目标回波信号($f_0 \pm f_d$)在"混频器 2"中混合(混频),从而得到中频信号($f_1 \pm f_d$)与 f_1 一起进行"相位检波",最后得到频率为 f_d 的输出信号。

3. 线性调频雷达收 / 发系统典型结构

线性调频连续波雷达发射机和接收机之间的连接关系如图 1-11 所示。接收机的"限幅器"输出的信号送给"频率计数器"即可求出频差(f_b),然后利用它就可以得到目标的斜距(R)。

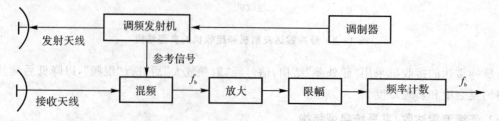

图 1-11　线性调频(LFM)连续波雷达典型结构

4. 动目标显示雷达收/发系统典型结构

如图 1－12 所示是用主振放大式发射机组成的动目标显示雷达收/发系统。

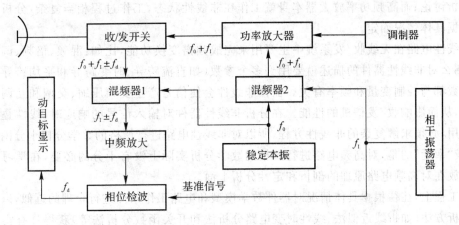

图 1－12　用主振放大式发射机的动目标显示雷达收/发系统

动目标显示雷达要通过测量相位变化的大小来识别运动目标。其中,基准信号由一个频率稳定的相干振荡器产生工作在中频(f_1);另外,还有一个频率稳定的本机振荡器,它工作在高频(f_0)。两者混频以后,得到和频($f_0＋f_1$)信号作为发射信号,经过功率放大器后送至发射天线辐射出去。

1.3　课程特点及内容安排

"高频电路"是高等学校电子工程、通信工程和信息工程等专业的专业基础课程,具有很强的理论性、工程性和实践性。本书专门针对火箭军工程大学电子工程专业人才培养方案的特点和需求而编写,需要"控制篇幅、精选内容、突出重点、便于教学",课内学时不超过 30 学时。为了便于读者熟悉"高频电路"的学习要求和内容框架,下面简要介绍本课程的主要特点和内容安排。

1.3.1　课程主要特点

随着科学技术的发展和人才培养方案的调整,"高频电路"课程的内容和形式也必须随之而调整,要不断引进新的思想、新的技术和新的器件,更新内容。在此之前,学员已经学习了"电路原理""电子技术""信号与系统"等基础课程,具备了学习"高频电路"的认知基础。"高频电路"作为一门专业基础课程,在强调基本概念、基本原理、基本电路和基本分析方法的基础上,与科学技术和武器装备的发展紧密结合,将课程所涉及的新技术、新器件(部件)充实其中,既强调基础性、支撑性,又注重实践性和先进性,因而在教学中需要把握以下几个特点。

1. 非线性电路——严格的数学分析并无十分必要

高频电路的基本单元几乎都涉及非线性器件。所有包含非线性器件的电路都是非线性电路,在不同条件下它们所表现的非线性程度会有所不同。比如,高频小信号放大器的输入信号足够小,又要求不失真地放大,此时非线性器件则可以线性等效,也可以采用线性电路分析方法来分析讨论;而高频功率放大器本身就工作在非线性状态,工作过程相当复杂,分析方法也需要根据具体情况而定。

非线性电路在无线收/发系统中主要用来完成频谱变换功能,比如:混频、倍频、调制与解调等,那么对非线性器件的描述就要用到多个参数(如直流跨导、时变跨导和平均跨导),而且多数参数都与控制变量和频率有关。器件非线性会使信号产生变频压缩、交调和互调等非线性失真,从而影响收/发信机的性能。在分析非线性器件对输入信号的响应时,线性叠加原理已不适用,必须求解复杂的非线性方程,所以对非线性电路进行严格的数学分析十分困难。但是,比较"幸运"的是,对高频电路进行严格的数学分析实际上没有十分的必要,在学习中应该把重点放在对高频电路原理的剖析和定性分析上面。

在工程上,往往根据具体情况对器件数学模型和电路工作条件进行合理的近似,以便用简单的分析方法(如折线近似法、线性时变电路分析法和开关函数分析法等)获得具有实际意义的结果,而不必过分追求其严格性。这是本课程的困难所在,但同时也有其简单的一面。高频电路能够实现的功能很多,实现每一种功能的电路形式更是千差万别,虽然它们都基于非线性器件来实现,但也都是在为数不多的基本电路的基础上发展而来的。因此,在学习中要抓住各种电路之间的共性,洞悉各种功能之间的内在联系,而不要局限于掌握或死记一个个具体的电路。当然,熟悉典型的单元电路对读、识图能力的提高和电路的系统设计都是非常有意义的。

2. 现代集成应用——单元电路的基础性地位不能削弱

随着微电子技术的飞速发展,高频模拟集成电路、数字信号处理(DSP)芯片已在工程中获得广泛应用,各种通信电路甚至系统都可以做在一个芯片内〔称为片上系统(SOC)〕,所以部分学习者可能认为,只要熟知集成芯片典型电路(厂家提供)就可能足够了,从而忽视对基础单元电路的探究。集成电路都建立在分立器件和基本单元电路的基础之上。无数实践表明,不牢牢掌握基本单元电路的原理和应用特点,要想把集成电路芯片应用好也是不大可能的。

因此,在学习"高频电路"课程时,要注意把握"单元是基础、集成是发展,单元为集成服务"的原则。对于具体的单元或功能电路,要掌握"管为路用,以路为主"方法,做到以点带面,举一反三、触类旁通。课程中的电路多数都是原理性的,经过了一定的归纳与抽象,但电路形式仍具有十分强烈的工程实践性。这对没有实际电路经验的学员来讲,特别需要将理论与实际结合起来。同时,还要注意建立起"系统"观念,在对单元电路进行分析和设计时要有系统观,从全系统的角度考虑要求和指标,各单元电路之间的关联性可通过系统来理解,从而通过学习基础单元电路而不断促进集成电路应用水平的提高。

3. 电路 CAD 仿真——高频电路时域分析面临不少挑战

在学习"电路原理""电子技术"等课程时,许多学员(包括教师)已经很熟悉电子线路 CAD 模拟软件(如 MultiSim,PSpice)。虽然它们都具有很强的功能,但要把它们应用于"高频电路"的教学和分析设计也还面临不少的挑战:

(1)常用的 CAD 软件难以充分描述高频电路的复杂参数,从而给高频电路的仿真分析带来较大的困难;

(2)高频电信号存在"慢变化"与"快变化"的时间特性,在时间"全貌"与"细节"的处理上往

往不能兼顾,在时域仿真时对计算资源要求较高;

(3)"高频电路"的核心要义是"频谱搬移和扩展",时域仿真往往看不出或得不到想要的结果,因而它更适合于在频域内仿真;

(4)对于多数学员来讲,习惯于时域仿真,对频域仿真认识不足,需要在学习中反复练习才能逐渐加深对多种频域仿真方法的理解,进而才能更为科学准确地解读仿真分析结果,以此反向促进对高频电路原理的掌握和理解。

4. 学以致用——实验和工程实践环节必不可少

学习"高频电路"时,必须要高度重视实验和实践环节,坚持理论联系实际,才能在实践中不断积累丰富的经验。通常,有必要从以下五个方面来提高实验和工程实践能力:

(1)善用工程观点分析电路。比如,在分析二极管、晶体管电路时,一般不必过分强调节点电压(或电流)的精确数值,采用工程估算的方法有利于更清晰地理解原理、熟悉功能、掌握特点和电路工作过程。

(2)元器件的寄生参数不能够忽视。在高频电路中,元器件的参数并不"纯粹",一个电阻器件在高频时既有寄生(或杂散)的电感,也有电容,它们往往会在电路中产生新的频率。

(3)注意考虑元器件参数的不稳定和热噪声的影响。元器件的标称值和真实值之间存在差异,在工作中实际参数会随着温度、湿度等发生漂移;电子器件的热噪声对电路性能影响很大,特别是在处理微弱信号时不容忽视。

(4)注意元器件参数或电路性能易受外界环境的影响。比如电感器件易受金属、人体接近的影响而改变参数;靠近的电路之间可能会产生电磁干扰等。

(5)注意元器件参数或电路功能会随频率而变化。比如,晶体振荡器在不同的频率下表现为电感或电容;不同的选频回路在失谐时有的呈感性,有的呈容性。所以,在学习和应用"高频电路"时,必须时刻牢记"频率相关性"这一核心概念。

1.3.2　课程内容安排

"高频电路"涉及的内容很多,但本书要求理论授课不超过 30 学时,所以实际授课只能结合后续课程需求讲授主要知识点,具体内容及建议学时如下:

(1)绪论:2 学时;

(2)基础知识(高频电路常用元器件、模拟乘法器、混频器、选频回路、阻抗变换、非线性电路分析方法和电噪声):6 学时;

(3)高频谐振放大器(高频小信号放大器与高频功率放大器):6 学时;

(4)正弦波振荡器:2 学时;

(5)模拟调制与解调(AM,FM,PM):12 学时;

(6)反馈控制电路(AGC,AFC,PLL):2 学时。

思　考　题

1-1　画出无线通信和雷达收/发系统的原理框图,并说明各部分的功用。

1-2 论述"高频"概念的几种解释。

1-3 无线通信为什么要进行调制？如何实现调制？基本的调制方式有哪些？

1-4 简述无线电信号频段或波段的划分以及各个频段的传播特性和典型应用。

1-5 论述高频电路中电信号的基本特性。

1-6 学习完本章以后，试讨论高频电路课程的主要特点。

第2章 基础知识

高频电路基本上都由有源器件、无源元件和无源网络组成。高频电路使用的元器件与低频电路使用的元器件基本相同,但它们在高频条件下会有一些与频率相关的新特性。高频电路利用有源器件和无源网络的频率特性(幅频特性、相频特性)实现选频,利用有源器件的非线性特性实现频谱的搬移和扩展。因此,本章将重点讨论在高频电路中一些常用器件的特性、谐振回路(选频网络)及阻抗变换、非线性电路分析方法以及电噪声等基础知识,以便在后续学习中能够把注意力更加聚焦于电路的功能原理、相互关联及工作过程。

2.1　高频电路的常用元器件

高频电路中线性无源器件主要是电阻、电容和电感,多用于构成无源网络以实现信号的选频(滤波)。除了使用谐振回路与耦合回路作为选频网络外,高频电路常采用 LC 集中选频滤波器、石英晶体滤波器、陶瓷滤波器和表面声波滤波器等集中选频滤波器来实现选频。高频电路中完成信号放大、非线性变换和频谱搬移等功能的非线性器件主要是二极管、晶体管、场效应管和模拟乘法器、混频器等。

2.1.1　高频电路中的无源器件

在低频电路中,无源器件(电阻、电容和电感)都采用集总参数模型进行电路分析和设计。在高频电路中,随着频率的升高,实际元器件的杂散效应会比较显著,杂散(寄生)电容、电感会使元器件在不同频率上表现出不同的特性。

1. 电阻等效电路

在高频电路中,一个实际电阻 (R) 可以等效为如图 2-1 所示的电路,其中 C_R 为杂散(寄生)电容,L_R 主要是引线电感。频率越高,电阻的高频特性就表现得越明显,在某些频率点上就会产生谐振。

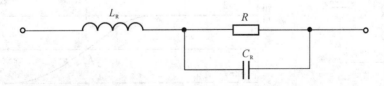

图 2-1　实际电阻的高频等效电路

在实际应用中,要尽量减小电阻器高频特性的影响,使之尽可能地表现为纯电阻的特性,以提高电路的性能。常见的措施包括尽可能采用贴片电阻,尽可能缩短引脚金属,在必要的场合还可以采用专用的无感电阻等。

2. 电容等效电路

在高频电路中，一个实际的电容器（C）可以等效为如图 2-2(a) 所示的电路，其中电阻 R_C 主要为电容的极间绝缘电阻，电感 L_C 为杂散（寄生）电感和极间电感（小容量电容器的引线电感也是其重要组成部分）。

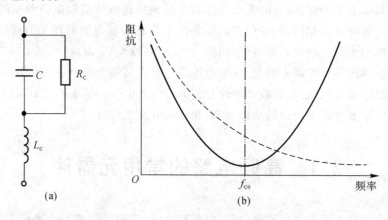

图 2-2 实际电容的高频等效电路
(a)电容器高频等效电路； (b)电容器的阻抗-频率特性

如图 2-2(b)所示是实际电容器的高频阻抗特性（实线），其中虚线为理想电容器的阻抗特性（$1/j\omega C$）。可以看出，实际电容器有一个自身谐振频率 f_{C0}（Self Resonant Frequency，SRF）——当电路工作频率小于自身谐振频率 f_{C0} 时，电容器呈容性；当电路工作频率大于 f_{C0} 时，电容器呈感性。

3. 电感等效电路

在高频电路中，一个实际的电感器（L）可以等效为如图 2-3(a) 所示的电路，其中电阻（R_L）主要为电感器导体的直流电阻，电容（C_L）主要为电感导体的杂散（寄生）电容。

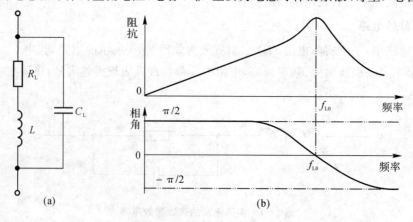

图 2-3 实际电感的高频等效电路
(a)电感器高频等效电路； (b)电感器的阻抗和相位频率特性

与实际电容器类似,高频电感器也具有自身谐振频率 f_{L0} —— 当电路工作频率小于 f_{L0} 时,电感器呈感性;当工作频率大于 f_{L0} 时,电感器呈容性;当工作频率刚好为自身谐振频率(SRF)f_{L0} 时,高频电感器的阻抗幅值达到最大、相角为零〔见图 2-3(b)〕。

2.1.2　集中选频滤波器

在高频电路中,为了便于制作集成电路,往往把高频放大器的"放大"和"选频"两个任务模块分开,即先采用"矩形系数"较好的集中选频滤波器来完成信号的选择,然后利用宽带集成电路进行信号放大。集中选频滤波器主要有两类:LC 集中选频滤波器和固体滤波器(如石英晶体滤波器、陶瓷滤波器等)。

1. LC 集中选频滤波器

LC 集中选频滤波器通常由一节或若干节 LC 网络组成(见图 2-4)。这些滤波器可根据系统要求,利用网络理论,按照带宽、衰减特性等要求进行精确设计,其选频特性可以接近理想的要求。

LC 集中选频滤波器的位置一般设于放大系统输入信号的低电平端,对可能进入宽带集成放大器的带外干扰和噪声进行必要的衰减,从而改善信号的传输质量。其中,宽带集成放大器一般由线性集成电路构成;当工作频率较高时也可以采用分立元件宽带放大器,比如共基极放大器、差分放大器和负反馈放大器等。

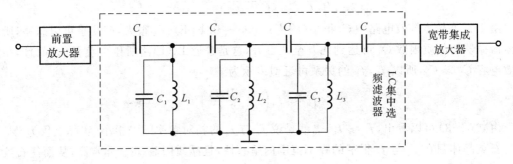

图 2-4　LC 集中选频滤波器

2. 石英晶体滤波器

石英晶体是一种六角锥形结晶矿物质(SiO_2),其电路符号如图 2-5(a)所示,具有正、反两种"压电效应":当晶体受到拉伸或压缩的机械力时,在晶体表面会产生正、负电荷而形成与晶体形变成正比的电压,称为"正压电效应";当在晶体电荷面施加交变电压时,晶体会发生周期性的机械形变,称为"反压电效应"。

当外加电信号的频率与晶体的机械自然谐振频率接近时,就会发生谐振现象,既表现为晶片的机械共振,又表现电路的电谐振,即具有谐振电路的特性,故石英晶体又可称为"石英晶体谐振器"。石英晶体谐振器的固有频率十分稳定,其温度系数(温度变化 1℃所引起的固有频率的相对变化率)在 10^{-6} 以下,且振动具有多谐性:既有基频振动(基频晶体),还有奇次泛音振动(泛音晶体)。

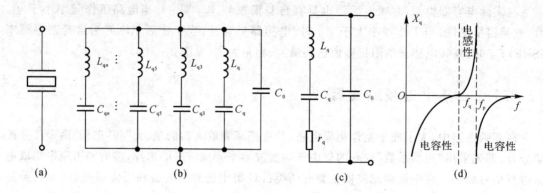

图 2-5 石英晶体的电路符号、等效电路及电抗特性

(a)符号；　(b)基频与各奇次泛音等效电路；　(c)基频等效电路；　(d)电抗特性曲线

通常，当电路工作频率小于 20 MHz 时常采用基频晶体，大于 20 MHz 时采用泛音晶体。石英晶体的基频与各奇次泛音等效电路如图 2-5(b)所示，工作在基频附近的等效电路如图 2-5(c)所示，图 2-5(d)所示为电抗特性曲线。在图 2-5(d)所示中，f_q 和 f_p 为石英晶体谐振器的串联谐振频率和并联谐振频率，可分别表示为

$$f_q = 1/(2\pi\sqrt{C_q L_q}) \tag{2-1}$$

$$f_p = \frac{1}{2\pi\sqrt{L_q C_q C_0/(C_0 + C_q)}} = f_q\sqrt{1 + \frac{C_q}{C_0}} \tag{2-2}$$

由于石英晶体等效电路中 C_q 很小(约为 $0.005 \sim 0.1$ pF)、L_q 很大，r_q 几乎可以忽略，所以晶体谐振器的品质因数 Q_q 可达到几万至几百万，这是普通 LC 回路所望尘莫及的；而且，晶体等效电容 $C_0 \gg C_q$，所以 f_q，f_p 的关系可近似表示为

$$f_p \approx f_q\left(1 + \frac{1}{2}\frac{C_q}{C_0}\right) \tag{2-3}$$

由式(2-3)可以看出，$f_p \approx f_q$，也就是说 f_q 与 f_p 的相对频率间隔很小(实际上仅为 1‰ 左右)。石英晶体只在 f_q 与 f_p 很窄的频率范围内呈感性，且品质因数(Q_q)非常高，从而使石英晶体谐振器与一般 LC 谐振回路相比呈现出以下几个明显的特点：

(1) 石英晶体谐振器的谐振频率(f_q，f_p)非常稳定，受外界因素(如温度、震动)的影响很小；

(2) 有非常高的品质因数(Q_q)，数值上很容易达到几万至几百万(普通 LC 回路 Q 值通常在几百之内)；

(3) 电路工作频率在谐振频率 f_q 和 f_p 之间时($f_q < f < f_p$)，晶体阻抗变化率很大，有很高的并联谐振阻抗，且呈电感性；

(4)晶体的接入系数〔其含义见式(2-64)〕非常小(一般在 10^{-3} 量级)，故石英晶体谐振器的性能受外电路的影响很小。

2.1.3 非线性元器件

非线性元器件是组成频率变换电路的基本单元。在高频电路中常用的非线性元器件有

PN 结二极管、晶体管三极管(双极型 BJT 或单极型 FET)、变容二极管等,是高频电路中最常用的有源器件。与线性元器件不同,非线性元器件的参数通常是工作电压和电流的函数,它们只有在合适的静态工作点条件下且小信号激励时,才能表现出一定的线性特性。一般情况下,当静态工作点和外加激励信号的幅度变化时,非线性器件的参数也会相应变化,在输出信号中产生不同于输入信号的频率分量,从而完成频率变换的功能。

1. PN 结二极管

在 P 型和 N 型半导体结合后,在 P 区和 N 区交界面附近会形成很薄的空间电荷区或耗尽区,即 PN 结。PN 结的正向电阻很小、反向电阻很大,即具有"单向导电性"(见图 2-6),其中 U_{BR} 为反向击穿(电击穿)电压,绝对值一般大于 40 V。

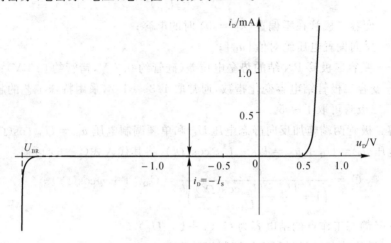

图 2-6　硅二极管 PN 结 V-I 特性

以硅二极管的 PN 结为例,典型伏-安(V-I)特性可表示为

$$i_D \approx I_S(e^{u_D/U_T} - 1) \tag{2-4}$$

式中　　e—— 自然对数的底(在不引起歧义的情况下,下文不再说明);

　　　　i_D—— 通过 PN 结的电流;

　　　　u_D——PN 结两端的外加电压;

　　　　U_T—— 温度的电压当量(取绝对温度 300 K 时,$U_T = 0.026$ V);

　　　　I_S—— 反向饱和电流(对于分立器件,典型值约在 $10^{-14} \sim 10^{-8}$ A 范围内)。

当 PN 结二极管两端正向电压 u_D 比 U_T 大几倍以上时,式(2-4)可简化为

$$i_D \approx I_S e^{u_D/U_T} \tag{2-5}$$

即二极管的电流 i_D 与电压 u_D 近似呈指数关系(图 2-6 中正向电压部分)。当 PN 结二极管两端电压 u_D 为负值且 $|u_D|$ 比 U_T 大几倍以上时,式(2-4)简化为 $i_D \approx -I_S$(图 2-6 中负向电压部分)。因此,当施加在二极管两端的电压幅值比较大时,二极管可以等效为一个开关的作用,从而可以采用"开关函数分析法"对其构成的非线性电路进行分析。

2. 变容二极管

半导体二极管的 PN 结具有电容效应,包括正向"扩散电容效应"和反向"势垒电容效应"。当 PN 结正向偏置时,二极管呈现的正向电阻很小,大大削弱了 PN 结的扩散电容效应。因

此,为了充分利用 PN 结的电容,PN 结必须工作在反向偏置状态,即利用 PN 结二极管的势垒电容效应。

为了使 PN 结的势垒电容 C_j 随反向偏置电压($-|u_D|$)的变化而呈现较大的变化,需要对半导体二极管的制作工艺进行特殊处理,以控制半导体的掺杂深度与掺杂分布,从而使势垒电容 C_j 能够灵敏地响应反向偏置电压($-|u_D|$)。这样,PN 结二极管就成为专用的变容二极管或 MOS(金属-氧化物-半导体)变容二极管,其势垒电容 C_j 属非线性电容,基本上不消耗能量,噪声量级也比较低,是一种比较理想的高效、低噪声非线性电容。

变容二极管的势垒电容 C_j 与反向偏置电压绝对值 $|u_D|(= u_R)$ 的非线性关系可以表示为

$$C_j = C_0 \left(1 + \frac{u_R}{U_D}\right)^{-\gamma} \qquad (2-6)$$

式中　　C_0—— 变容二极管在零偏置($u_R = 0$)时的电容;

　　　　u_R—— 反向偏置电压绝对值 $|u_D|$;

　　　　U_D—— 变容二极管 PN 结的势垒电位差(硅管约 0.7 V,锗管约 0.3 V);

　　　　γ—— 变容二极管结电容变化指数,通常取 $1/3 \sim 1/2$,采用特殊工艺的超突变结变容二极管可取 $1 \sim 5$。

设在变容二极管两端施加反向静态电压 U_Q 和单频调制电压 $u_\Omega = U_{\Omega m}\cos(\Omega t)$,则所加有效反向偏置电压 $u_R = U_Q + u_\Omega = U_Q + U_{\Omega m}\cos(\Omega t)$。将其代入式(2-6)可得

$$C_j = \frac{C_0}{\left(1 + \dfrac{U_Q + U_{\Omega m}\cos(\Omega t)}{U_D}\right)^{\gamma}} = C_{jQ}\left[1 + m\cos(\Omega t)\right]^{-\gamma} \qquad (2-7)$$

式中　　C_{jQ}—— 静态工作点的结电容为 $C_0(1 + U_Q/U_D)^{-\gamma}$;

　　　　m—— 反映结电容调制深度的调制指数为 $U_{\Omega m}/(U_D + U_Q)$。

如图 2-7 所示为当 γ 分别取 0.5,0.7,1.0,1.5 等值时结电容的变化曲线,其中图 2-7(a)所示是结电容 C_j 随反向偏置电压 u_R 的变化曲线,图 2-7(b)所示是当反向偏置电压 $u_R = U_Q + U_{\Omega m}\cos(\Omega t)$ 时结电容 C_j 的变化曲线,从中可以明显地看出变容二极管 C_j 的非线性特性。

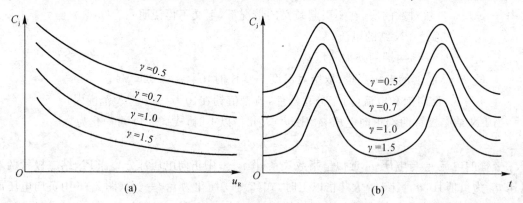

图 2-7　变容二极管的结电容变化曲线

(a)$C_j - u_R$ 曲线;　(b)$C_j - t$ 曲线

变容二极管与电感构成谐振回路,可以实现压控振荡器和直接调频功能。应用单频调制情况下变容二极管结电容 C_j 的表达式(2-7),可以进一步分析变容二极管谐振回路的调频性

能。在工程中,静态电容 C_{jQ} 随环境温度、电源电压等外部条件而改变,从而会导致信号的中心频率发生偏移;当然,C_j 本身的非线性特性也会导致信号中心频率的偏移。因此,在应用变容二极管产生压控振荡信号时,若要求的信号中心频率稳定性很高,则需要采用自动频率(微调)控制(AFC)技术来稳定压控振荡信号(FM 波)的中心频率。

3. 晶体三极管

晶体三极管是另一种典型的非线性元件,一般情况下都必须考虑其非线性特性。下面,以 NPN 型硅 BJT 为例,先简单回顾一下共射极电路的特性曲线,然后再讨论晶体管的高频小信号 Y 参数等效模型;晶体管作为高频功率放大器运用时所采用的静态近似定性分析方法将在高频功率放大器中详细讨论。

(1)共射极电路的特性曲线。半导体器件的特性具有分散性,在器件手册中往往只给出 BJT 的典型特性曲线,它们在实际应用中只能作为参考。BJT 特性曲线是指各电极电压与电流之间的关系曲线,它是 BJT 内部载流子运动的外部表现,在工程上最常用到的是它的输入特性和输出特性曲线。共射极电路的输入特性是指当集电极(c 级)与发射极(e 极)之间的电压 u_{CE} 为某一常数值时,输入回路中加在 BJT 基极(b 极)与发射极之间的电压 u_{BE} 与基极电流 i_B 之间的关系曲线,如图 2-8(a)所示,即

$$i_B = f(u_{BE}) \mid_{u_{CE}=常数} \qquad (2-8)$$

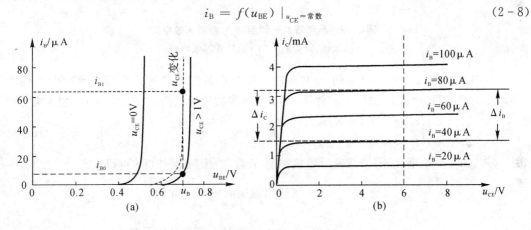

图 2-8 NPN 型硅 BJT 共射极接法特性曲线(25℃)
(a)输入特性; (b)输出特性

严格地说,只要 u_{CE} 不同,所得的输入特性也就不同。但是,在 $u_{CE} > 1$ V 以后,实际上只要 u_{BE} 保持不变,增加 u_{CE} 并不会明显改变 i_B,即 $u_{CE} > 1$ V 以后的输入特性基本重合。在实际电路中,通常都满足 $u_{CE} > 1$ V,所以可以用 $u_{CE} > 1$ V 以后的任何一条输入特性曲线来代表BJT的输入特性曲线。要特别注意,由图 2-8(a)可以看出,若 $u_{BE} = u_B$ 保持不变,当 u_{CE} 减小时(图中点虚线)反而会引起基极电流 i_B 的增大(即图中 $i_{B1} > i_{B0}$),从而使集电极电流 i_C 也相应地增大($i_C = \beta i_B$,其中 β 为 BJT 的交流电流放大系数)。

共射极电路的输出特性是指在基极电流 i_B 一定的情况下,BJT 输出回路中(集电极回路)电压 u_{CE} 与集电极电流 i_C 之间的关系曲线,如图 2-8(b)所示,即

$$i_C = f(u_{CE}) \mid_{i_B=常数} \qquad (2-9)$$

从图 2-8(b)中可以看出,特性比较平坦部分随着 u_{CE} 的增加略向上倾斜,实际上是电流放

系数 β 随 u_{CE} 的增加而略有增加(当 i_B 不变时 i_C 随 u_{CE} 增大),这种现象通常称为"基区宽度调制效应"。

(2)晶体管高频小信号等效模型。晶体管在小信号运用或动态范围不超出晶体三极管特性曲线线性区的情况下,可以将晶体管视为线性元件,并可用线性元件组成的等效模型来模拟晶体管。在高频运用时,必须考虑晶体三极管 PN 结的结电容影响;频率更高时,还须考虑引线电感和载流子渡越时间的影响。晶体管作为电流受控元件,输入和输出都有电流,实际应用中常采用如图 2-9 所示的 Y 参数等效电路。

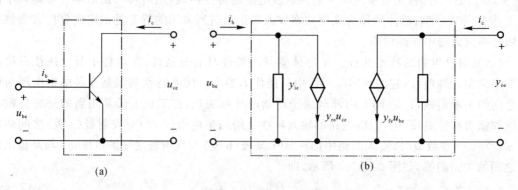

图 2-9 晶体管共射极组态 Y 参数等效电路

(a)双端口网络; (b)Y 参数等效电路

如果在图 2-9(a)所示的 BJT 共发射极组态有源双口网络的四个参数中选择电压 u_{be} 和 u_{ce} 为自变量,电流 i_b 和 i_c 为参数量,可得到 Y 参数等效电路(见图 2-9(b))的约束方程为

$$\begin{cases} i_b = y_{ie}u_{be} + y_{re}u_{ce} \\ i_c = y_{fe}u_{be} + y_{oe}u_{ce} \end{cases} \qquad \text{或} \qquad \begin{bmatrix} i_b \\ i_c \end{bmatrix} = \begin{bmatrix} y_{ie} & y_{re} \\ y_{fe} & y_{oe} \end{bmatrix} \begin{bmatrix} u_{be} \\ u_{ce} \end{bmatrix} \tag{2-10}$$

式中,y_{ie},y_{fe},y_{re},y_{oe} 称为 BJT 共发射极组态的 Y 参数,由图 2-9(b)可以求出:

$$y_{ie} = \left. \frac{i_b}{u_{be}} \right|_{u_{ce}=0} \quad \text{(输出短路时的输入导纳)}$$

$$y_{re} = \left. \frac{i_b}{u_{ce}} \right|_{u_{be}=0} \quad \text{(输入短路时的反向传输导纳)}$$

$$y_{fe} = \left. \frac{i_c}{u_{be}} \right|_{u_{ce}=0} \quad \text{(输出短路时的正向传输导纳)}$$

$$y_{oe} = \left. \frac{i_c}{u_{ce}} \right|_{u_{be}=0} \quad \text{(输入短路时的输出导纳)}$$

这些短路参数为晶体管本身的参数,只与晶体管的特性有关,与外电路无关,故又称为"内参数"。在电路中,受控电流源 $y_{fe}u_{be}$ 表示晶体管的正向传输能力,$y_{re}u_{ce}$ 代表晶体管的内部反馈作用。正向传输导纳 y_{fe} 越大,则晶体管的放大能力越强;反馈导纳 y_{re} 越大,则表明内部反馈越强。在高频电路中,y_{re} 的存在会给实际工作带来很大影响,应设法尽可能地减小它的影响。由于 4 个 Y 参数都是复数,为计算方便常将它们分别表示为复数或幅相的形式,即

$$\begin{aligned} y_{ie} = g_{ie} + j\omega C_{ie}, \quad & y_{fe} = |y_{fe}|e^{j\varphi_{fe}} \\ y_{oe} = g_{oe} + j\omega C_{oe}, \quad & y_{re} = |y_{re}|e^{j\varphi_{re}} \end{aligned} \tag{2-11}$$

式中　g_{ie},g_{oe}—— 输入、输出电导;

C_{ie}，C_{oe}——输入、输出电容；

$|y_{fe}|$，$|y_{re}|$——正向、反向传输幅频特性；

φ_{ie}，φ_{re}——正向、反向传输相频特性。

在原理性或偏重于定性分析时，为了简化问题的讨论，往往可以忽略 y_{re}，从而得到简化的共发射极 Y 参数等效电路〔见图 2-10(a)〕，对应地用 g_{ie}，g_{oe}，C_{ie}，C_{oe} 表示的简化共发射极 Y 参数等效电路如图 2-10(b) 所示。

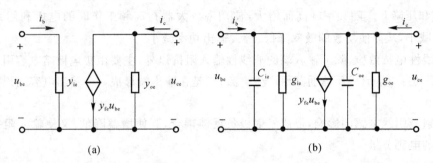

图 2-10　简化的共射极组态 Y 参数等效电路

(a)简化等效电路；　(b)用电导、电容表示的等效电路

(3)晶体管的高频参数。为了分析和设计高频等效电路，必须了解晶体的高频特性。表征晶体管高频特征的主参数包括截止频率 f_β、特征频率 f_T 和最高振荡频率 f_{max}。

由于发射结与集电结电容等因素的影响，晶体管电流放大系数 β 将随信号的频率而变化，即有

$$\beta(f) = \beta_0 \Big/ \left(1 + \mathrm{j}\frac{f}{f_\beta}\right) \qquad (2-12)$$

式中　　β_0——晶体管直流(或低频)电流放大系数；

f_β——共发射极电流放大系数的截止频率，表示电流放大系数 $\beta(f)$ 由 β_0 下降 3 dB(或 0.707 倍)时所对应的频率。

特征频率 f_T 是当 $\beta(f)$ 的模 $|\beta(f)| = 1$(或 0 dB)时所对应的频率，此时集电极电流增量与基极电流增量相等，共发射极组态的晶体管失去电流放大能力，于是可以得到

$$(f_T/f_\beta)^2 = \beta_0^2 - 1 \qquad (2-13)$$

根据 f_T 的不同，晶体管可以分为低频管、高频管和微波管，其值可以测量，也可以用高频小信号模型来估算。

最高振荡频率(f_{max})是指晶体管功率增益(G_P)为 1 时的工作频率，它表示晶体管所能适用的最高极限频率。在此频率工作时，晶体管已得不到功率放大，无论用什么方法都不能使晶体管电路产生有效(持续)振荡。以上三个参数的大小顺序为 $f_\beta < f_T < f_{max}$。

(4)高频功率放大器的高频效应。当采用晶体三极管进行高频功率放大时，其工作在大信号非线性状态，小信号等效电路的分析方法已不适用，高频解析分析又十分困难，在工程中可以利用晶体管的静态特性曲线进行定性分析。但是，静态分析只能近似说明和估计高频功放的工作原理，难以反映高频工作时的其他现象。

实际的高频功率放大电路，晶体管工作在"中频区"($0.5f_\beta < f < 0.2f_T$)甚至"高频区"($0.2f_T < f < f_{max}$)，常会出现功放管特性随频率变化的高频效应，包括输出功率下降、效

率降低,输入、输出阻抗为复阻抗等高频现象,主要有以下原因:

1) 少数载流子的渡越时间效应,即载流子从基区扩散至集电极的时间比信号周期长,导致载流子扩散跟不上信号的变化,形成发射极电流 i_e 的反向负脉冲和集电极电流 i_c 的脉冲展宽,导致输出功率减小、效率降低。

2) 频率升高时,发射结等效阻抗减小,使基极体电阻 $r_{bb'}$ 的影响相对地增大,从而降低放大器的功率增益。

3) 饱和压降 U_{ces} 随频率升高而增大,使功率放大器在高频工作时的电压利用系数($\xi = U_{cm1}/E_C$)减小,从而使功放的效率降低、最大输出功率减小。

4) 非线性电抗效应,除了输入端的非线性输入阻抗以外,主要由集电极结电容引起而形成两方面的影响:一是形成反馈通路而产生自激;二是在输出端形成一个输出电容而引起输出阻抗变化。

5) 发射极引线电感的影响,形成发射极负反馈耦合,既使增益降低,又使输入阻抗增加了一个附加的电感分量。

2.1.4 模拟乘法器

在高频电路中,最基本、最常用的电路是具有频谱搬移功能的频率变换电路,从频域上看具有能够把输入信号的频谱以线性或非线性的方式搬移到所需的频率或频段内的功能。大多数频谱搬移电路所需的是非线性函数展开式中的二次方项,即两个输入信号的乘积项;或者说,频谱搬移电路的主要运算功能是实现两个输入信号的乘法运算。在高频电路中要实现理想的乘法运算并不容易,本节先简要讨论模拟乘法器的特性及基本工作原理,然后在此基础上介绍几种典型的单片模拟集成乘法器及其典型应用电路。

1. 乘法器的基本功能

在高频电路中,乘法器是一个三端口的非线性网络,即具有两个输入端口(1,2)和一个输出端口(3),其电路符号如图 2-11(a)所示。

一个理想的乘法器,其输出端电压 $u_3(t)$ 仅与输入端瞬时电压 $u_1(t)$, $u_2(t)$ 的乘积成正比,而不应含有其他任何分量,即其输出特性为

$$u_3(t) = Ku_1(t)u_2(t) \qquad (2-14)$$

式中 K—— 相乘系数或乘法增益($\mathrm{V^{-1}}$),数值取决于内部电路参数。

若输入为 $u_1(t) = U_s\cos\omega_s t$, $u_2(t) = U_c\cos\omega_c t$,那么输出 $u_3(t)$ 为

$$u_3(t) = KU_s\cos\omega_s t U_c\cos\omega_c t = \frac{K}{2}U_s U_c\left[\cos(\omega_c + \omega_s)t + \cos(\omega_c - \omega_s)t\right] \quad (2-15)$$

由此可以看出,乘法器的基本功能就是把信号的频率 ω_s(或 ω_c)线性地搬移到两个频率的"和频"($\omega_c + \omega_s$)或"差频"($\omega_c - \omega_s$)的频率点处,其过程如图 2-11(b)(c)所示。如果输入电压 $u_1(t)$ 是实用的频率带宽有限(带限)信号,即

$$u_1(t) = \sum_{n=1}^{N} U_{sn}\cos(n\omega_s t) \qquad (2-16)$$

那么乘法器输出电压为

$$u_3(t) = \frac{K}{2}U_c\Big[\sum_{n=1}^{N}U_{sn}\cos(\omega_c + n\omega_s)t + \sum_{n=1}^{N}U_{sn}\cos(\omega_c - n\omega_s)t\Big] \qquad (2-17)$$

带限信号的频谱搬移过程如图 2-11(d)(e) 所示。可以看出,模拟乘法器是一种理想的线性频谱搬移电路。

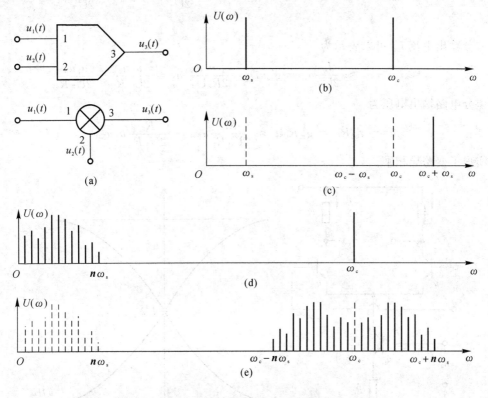

图 2-11　模拟乘法器及其信号频谱搬移过程
(a) 电路符号;　(b) 输入电压 u_1 和 u_2 的频谱;　(c) 输出电压 u_3 的频谱(实线);
(d) 带限信号电压 u_1 和单频信号 u_2 的频谱;　(e) 输出带限信号电压 u_3 的频谱(实线)

2. 模拟乘法器基本电路

模拟乘法器常采用变跨导相乘电路(基本电路为差分放大电路)来实现,工作频带宽、温度稳定性好、运算精度高、速度快、成本低,便于集成化应用,因此被广泛应用于集成单片模拟乘法器。

二象限变跨导相乘电路是实用乘法器的基础电路单元(见图 2-12(a)),输入 u_2 通过改变恒流源(I_0)而控制差分电路的跨导 $g_m(= I_0/2U_T)$,使输出 u_3 中含有乘积项(u_1u_2),故称"变跨导乘法器"。由图 2-12(a) 有 $u_1 = u_{be1} - u_{be2}$,利用式(2-5)可得工作在放大区的晶体管集电极电流分别为

$$i_{c1} \approx i_{e1} = I_S e^{u_{be1}/U_T}, \quad i_{c2} \approx i_{e2} = I_S e^{u_{be2}/U_T}。$$

那么,恒流源 I_0 可以表示为

$$I_0 = i_{e1} + i_{e2} = i_{e1}(1 + i_{e2}/i_{e1}) = i_{e1}(1 + e^{-u_1/U_T}) \qquad (2-18)$$

如图 2-12(b) 所示，当 $u_1 \approx 2U_T$ 时（晶体管工作在线性放大区），可以得到

$$i_{e1} = I_0/(1+e^{-u_1/U_T}) = \frac{I_0}{2}[1+\tanh\frac{u_1}{2U_T}] \approx \frac{I_0}{2}[1+\frac{u_1}{2U_T}]$$

$$i_{e2} = I_0/(1+e^{u_1/U_T}) = \frac{I_0}{2}[1-\tanh\frac{u_1}{2U_T}] \approx \frac{I_0}{2}[1-\frac{u_1}{2U_T}] \tag{2-19}$$

于是差分输出电流 i_{od} 可以表示为

$$i_{od} \approx i_{e1} - i_{e2} \approx \frac{I_0}{2U_T}u_1 = g_m u_1 = \frac{u_2-u_{be3}}{2R_E U_T}u_1 = \frac{u_1 u_2}{2U_T R_E} - \frac{u_1 u_{be3}}{2U_T R_E} \tag{2-20}$$

那么差分电路输出电压为

$$u_3 = i_{od}R_C = g_m R_C u_1 \approx \frac{R_C}{2U_T R_E}u_1 u_2 - \frac{R_C}{2U_T R_E}u_1 u_{be3} \tag{2-21}$$

从而实现了变跨导相乘。

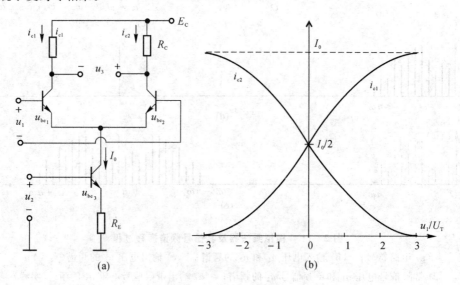

图 2-12   二象限变跨导乘法器及差分电路转移特性曲线
(a) 差分电路（二象限相乘）； (b) 差分电路转移特性

在式(2-21)的输出电压 u_3 中存在有非相乘项，故该基本单元电路并不实用；同时，电路工作要求 $u_2 \geqslant u_{be3}$，因而只能实现近似的二象限相乘；此外，恒流源的温漂也没有补偿。针对以上问题，对图 2-12(a) 进行改进：扩展 u_2 的象限，以实现四象限乘法器；扩展输入电压 u_1,u_2 的线性范围；对恒流源进行温漂补偿。采用线性化 Gilbert 相乘器双平衡、射极负反馈等改进技术的原理如图 2-13 所示。

在图 2-13 中，$VT_1,VT_2,VT_3,VT_4,VT_5,VT_6$ 分别组成三个差分电路，在 VT_5,VT_6 的发射级之间接一个负反馈电阻 R_2，$VT_7 \sim VT_{10}$ 构成一个反双曲正切函数电路，VT_7,VT_8,R_1，I_{01} 构成线性电压-电流变换器。在实际应用中，反馈电阻 R_1 和 R_2 的取值应远大于 VT_5,VT_6 和 VT_7,VT_8 的发射结电阻 r_e，即 $R_1 \gg r_e,R_2 \approx r_e$，从而使电路更加接近理想相乘特性($u_o = Ku_1 u_2$)，其中相乘系数（增益）$K$ 可以通过改变电路参数 R_1,R_2 或调整电流 I_{02} 确定，即 $K = 2R_C/(I_{02}R_1 R_2)$。实际上，通过调节 I_{01} 来调整 K 值更为方便，而且 K 值与温度无关，电路温度

稳定性比较好；该电路的输入信号 u_1 和 u_2 线性范围也比较大。但须注意的是，u_1 不能超过极限值 $U_{1\max} = I_{01}R_1$，否则反双曲正切函数无意义。

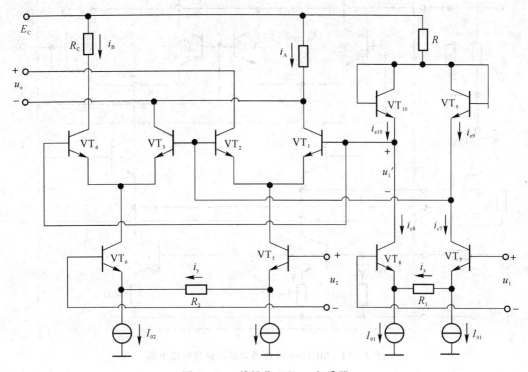

图 2-13　线性化 Gilbert 相乘器

3. 单片集成模拟乘法器

具有射极负反馈电阻的双平衡线性化 Gilbert 相乘器，由于其电路结构简单，频率特性也比较好，使用灵活，已被广泛应用于集成单片模拟乘法器中。下面，以被广泛应用于通信、雷达、仪器仪表及频率变换电路中的 MC1596 为例说明单片集成电路的应用，其内部电路及其外围电路如图 2-14 所示。

在图 2-14 中，三极管 VT_7，VT_8 和二极管 VD_1 构成镜像恒流源电路，负反馈电阻 R_2 外接在 2,3 引脚两端，可扩展输入信号 u_2 的线性动态范围，并用来调整相乘系数 K；负载电阻 R_C、偏置电阻 R_5 等采用外接形式：

（1）若选择 VT_7，VT_8 和二极管 VD_1 所构成的镜像恒流源电流 $I_0 = 1$ mA，输入信号 u_2 的最大幅值 $U_{2m} = 1$ V，那么要求 $R_2 \geqslant U_{2m}/I_0 = 1/0.001 = 1$ kΩ。

（2）若取 $|-E_E| = 8$ V，那么有 $|-E_E| = I_0(R_5 + 500) + U_D$，取二极管 VD_1 导通电压 $U_D = 0.7$ V，于是 $R_5 = (|-E_E| - U_D)/I_0 - 500 = 6.8$ kΩ。

（3）第 6,9 引脚之间的静态电压为 $U_6 = U_9 = E_C - I_0R_C$，若选取 $U_6 = U_9 = 8$ V，$E_C = 12$ V，则可计算得到 $R_C = (E_C - U_6)/I_0 = (12 - 8)/0.001 = 4$ kΩ，实际可选择标称值为 3.9 kΩ 的电阻。

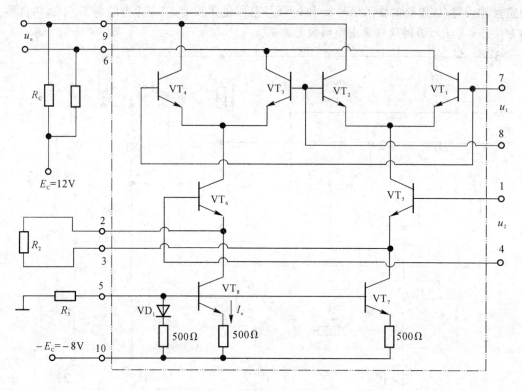

图 2-14   MC1596 乘法器内部电路及外围电路

2.1.5　混频器

混频器广泛应用于需要进行频率变换(线性搬移)的电子系统及仪器中,是超外差接收机的关键组成部分。采用超外差结构的接收机将接收信号混频到某一个固定中频上,接收机的增益基本不受接收射频信号频率高低的影响,频段内放大信号的一致性较好,灵敏度高,放大量及选择性主要由中频部分决定。下面简要介绍混频器的工作原理、主要性能指标、典型混频电路及混频器中的干扰现象。

1. 混频器的变频作用

混频器的作用是将载频为 f_c 的已调(射频)信号不失真地变换为载频为 f_1 的中频信号并保持已调信号的调制方式和规律不发生改变,因此混频器可以看成是一种频谱线性搬移电路,将已调(射频)信号的频谱从中心频率(载频 f_c)线性地搬移到另一中心频率(中频 f_1)上。

混频器是一个三端口的电路网络,其电路符号和工作原理如图 2-15 所示。它有两个输入电压:已调(射频)信号 u_c(工作频率为 f_c)、本振信号 u_L(工作频率为单频本振频率 f_L);两输入电压相乘再选频(带通滤波)输出中频信号 u_1,其工作频率为中频 f_1。中频 f_1 可以是差频 $f_1 = f_L - f_c$ 则称混频器为“下变频器”,也可以是和频 $f_1 = f_L + f_c$ 则称之为“上变频器”。也就是说,在时域内混频器起着相乘器和滤波器的作用,是时域非线性运算;而在频域内,混频器起着频率加法器(或减法器)的作用,是频域线性运算(频率的线性搬移)。

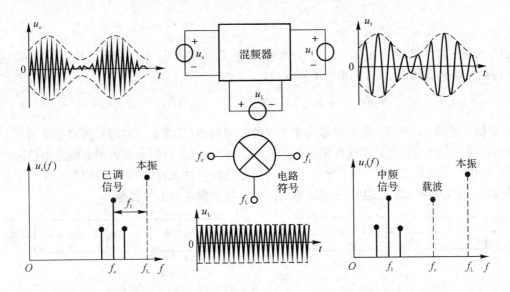

图 2-15 混频器的频率变换(线性搬移)作用

混频器的输入信号 u_c、本振 u_L 都是高频信号,输出中频信号 u_I 除了中心频率与输入信号 u_c 不同以外,仍然是与输入信号 u_c 调制规律相同的已调波。混频器实现的是频谱的线性搬移,故 u_I 的频谱结构与输入 u_c 的频谱结构完全相同;表现在波形上,中频信号 u_I 与输入信号 u_c 的包络在形状是一致的,只是"填充"的载波频率不同。特别说明一下:当 f_I 取差频时,它比 f_c 或 f_L 小,即输出低中频;当 f_I 取和频时,它肯定比 f_c 和 f_L 大,即输出高中频,习惯上仍然将其称为"中频"。实际上,可以把中频(f_I)理解为接收机"中间环节"的一个工作频率,就不会与载频(射频)和本振频率之间有数量关系上的"冲突"感了。

根据设备和系统工作频率范围的不同,比较常用的中频有 465 kHz(调幅收音机的中频)、10.7 MHz(调频收音机的中频)、38 MHz(电视接收机的中频)、70 MHz 或 140 MHz(微波接收机或卫星接收机的中频)等。事实上,当混频器的输出中频信号为"差频"时,相对于本振 f_L,载频 f_c 与频率($f_L + f_I$)互为"镜像",常称为"镜像频率"(简称"镜频");在镜像频率处的信号称为"镜像信号"。若同时有两个信号进入混频器,它们的载波频率分别为 $f_c = f_L - f_I, f_c' = f_L + f_I$(即互为镜频),那么混频器无法区分其输出中频 f_I 是来源于($f_I = f_L - f_c$)或($f_I = f_c' - f_L$)。所以,针对不同的工作频率范围,需要精心选择中频 f_I 的频率值,以有效抑制镜像信号的干扰;换言之,若接收机的中频 f_I 选择不合适,混频器的带通滤波器将失去对镜像信号的滤除作用,导致接收机"不知道"接收的信号到底是 f_c 还是 f_c'。

2. 混频器的工作原理

混频器需要完成的是频谱的线性搬移任务,其实是实现频率的求差或求和,所以混频器必须实现两个输入信号的相乘功能,然后进行选频(滤波)。设输入到混频器中的输入已调波信号 u_c 和本振电压 u_L 分别为

$$u_c = \cos\Omega t \cos\omega_c t, \quad u_L = \cos\omega_L t$$

这里重点考查频率关系,故两个信号的振幅都设为 1;设相乘系数也为 1,那么两信号相乘,可得

$$u'_{\mathrm{I}} = \cos\omega_{\mathrm{c}}t\cos\omega_{\mathrm{L}}t = \frac{1}{2}\cos\Omega t\left[\cos(\omega_{\mathrm{L}}+\omega_{\mathrm{c}})t+\cos(\omega_{\mathrm{L}}-\omega_{\mathrm{c}})t\right]$$

该信号通过一个中心频率为$(\omega_{\mathrm{L}}-\omega_{\mathrm{c}})$、带宽为$2\Omega$的带通滤波器,那么乘积信号$u'_{\mathrm{I}}$的和频$(\omega_{\mathrm{L}}+\omega_{\mathrm{c}})$高频分量被滤除,从而得到中频电压$u_{\mathrm{I}}$为

$$u_{\mathrm{I}} = \frac{1}{2}\cos\Omega t\cos(\omega_{\mathrm{L}}-\omega_{\mathrm{c}})t \tag{2-22}$$

根据上述原理,可以得到混频器功能实现的原理框图(见图2-16(a)),其实质是利用了乘法器的频率变换功能。既然非线性器件都具有频率变换作用,自然也可以用非线性电路来实现混频,其基本原理如图2-16(b)所示。从选用的非线性器件来看,常用的混频器有晶体二极管混频器、三极管混频器(由BJT或FET组成)以及模拟乘法器混频器等。

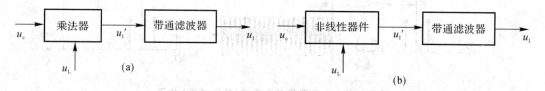

图 2-16　实现混频功能的原理框图
(a)乘法器变频;　(b)非线性器件变频

从两个输入信号在时域上的处理过程来看,混频器可以归纳为"叠加型"和"乘积型"两大类。在叠加型混频器中,输入信号的幅值相对于本振信号的幅值很小,可以将混频电路近似看成受本振信号控制的线性时变器件或开关器件,可以应用后面将要介绍的"时变工作点上的泰勒级数展开分析法"进行分析;乘积型混频器通常用集成相乘器来实现,对两个输入信号幅值的相对大小没有特殊要求。

3.混频器主要性能指标

混频器的变频功能用途很广泛,除了在超外差结构中广泛采用之外,频率合成器中为产生各波道的载波振荡,也需要采用混频器来进行频率变换和频率组合;在微波接力通信中,往往把微波频率"下变频"至中频,在中频上放大得到足够的增益后再"上变频"至微波频率,转发至下一站;此外,在频谱分析仪、网络分析仪、频率计和微伏计等测量仪器中,也都要应用混频器来实现变频。为了评估混频器在不同应用场合中的性能优劣,则有必要针对应用需求提出合理的指标要求,而其通用性的质量指标主要有混频(变频)增益、选择性、噪声系数、非线性、稳定性、隔离度和失真与干扰等,现分别简要介绍如下。

(1)混频(变频)增益。混频器输出中频电压幅值U_{Im}与输入信号电压幅值U_{cm}的比值,称为混频(变频)电压增益或混频(变频)放大系数,简称混频(变频)增益,即

$$A_{\mathrm{uc}} = U_{\mathrm{Im}}/U_{\mathrm{cm}} \tag{2-23}$$

对于接收机而言,混频(变频)增益A_{uc}应尽可能大一些,以利用其提高系统灵敏度。在某些应用场合(如混频器中有晶体管放大器),需采用混频(变频)功率增益(G_{pc})来衡量混频器将输入高频信号转化为输出中频信号的能力,即

$$G_{\mathrm{pc}} = P_{\mathrm{I}}/P_{\mathrm{c}} \tag{2-24}$$

式中　P_{I}——混频器输出中频信号的功率;

　　　P_{c}——混频器高频输入信号的功率。

（2）选择性。在混频器输出中频信号中，总会混杂很多与中频接近的噪声或干扰信号。为了抑止这些噪声和干扰信号，则要求混频器中频输出回路应具有良好的选择性，即谐振回路（带通滤波器）有较理想的谐振曲线，矩形系数尽可能地接近于 1。

（3）噪声系数。混频器处于接收机前端，其噪声电平的高低对整机性能影响很大，因此降低混频器的噪声十分重要。混频器的噪声系数定义为高频输入端信噪比与中频输出端信噪比之比，常用用分贝（dB）数表示，即

$$N_{Fc} = 10\lg \frac{P_c/P_{in}}{P_1/P_{on}} \tag{2-25}$$

式中　　P_{in}——混频器高频（射频）输入端的噪声功率；

　　　　P_{on}——混频器中频输出端的噪声功率。

混频器的噪声主要来自于混频器件产生的热噪声和由本振信号引入的噪声。除了正确地选取混频电路的非线性器件及其工作点外，还应注意选取混频电路的形式（如平衡式可以抵消本振引入的噪声）来尽可能地减小噪声。

（4）非线性（1 dB 压缩电平）。混频器的输出与输入信号幅度具有良好的线性关系，但实际上其线性范围是有限的 —— 当输入信号功率较低时，混频增益为定值，输出中频功率随输入信号功率线性地增大；输入信号增大到一定幅度后，由于非线性作用，中频输出信号的幅度与输入不再成线性关系，输出中频功率的增幅将随输入信号的增加而趋于缓慢（见图 2-17）。

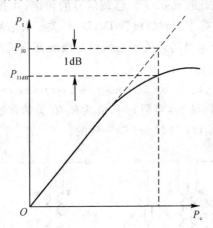

图 2-17　混频器 1 dB 压缩电平

当实际输出功率比理想线性输出功率低 1 dB 时所对应的中频输出功率电平称为混频器的"1 dB 压缩电平"（见图 2-17），常用 P_{1dB} 表示。实际上，P_{1dB} 所对应的输入信号功率是混频器动态范围的上限电平；动态范围的下限电平是由噪声系数确定的最小输入信号功率。

（5）工作稳定性。混频器输入回路调谐于高频信号频率（f_c），输出回路调谐于中频频率（f_1）。这两个频率相差较远，失谐较大，一般情况下不会因为反馈而引起自激振荡或不稳定现象。所以，混频器的工作稳定性问题，主要是指本地振荡器的频率稳定度问题。混频器输出带通滤波器的通频带固定，如果本振的频率产生较漂移，那么中频输出可能超出滤波器的中频总通频带范围，以致引起总放大量的严重下降。因此，必须稳定混频器的本振频率。

（6）失真和干扰。接收机的混频器输入端，除了有用的输入信号以外，还同时存在着多个

干扰信号。由于元器件(放大器)的非线性,混频器输出电流中将包含很多的组合频率分量,其中除了有用的中频分量外,还可能有某些组合频率分量的十分接近于中频,使输出中频滤波器无法将它们滤除。这些寄生分量叠加在有用中频信号上,将引起干扰或失真。通常将这种失真统称为"混频失真",对接收机的影响比较严重。

(7) 隔离度。理论上讲,混频器各端口之间是隔离的,任一端口上的功率不会串到其他端口。实际上,总有极少量功率在各端口之间串扰(Cross - talk)。通常用"隔离度"指标来评估这种串扰功率的大小,其定义为本端口功率与串通到另一端口的功率之比,常用分贝(dB)数表示。

在接收机中,本振端口功率向输入信号端口的串扰危害最大,因为加在本振端口的本振功率通常都比较大(保证混频性能),当它串到输入信号端口时,就会通过输入信号回路加到接收天线上,产生本振功率反向辐射,严重干扰邻近接收机。

4. 常用二极管混频电路

混频的关键是实现相乘或非线性器件变频和选频滤波,所以混频电路可以采用二极管混频、三极管(BJT、FET)混频、模拟乘法器混频等典型电路形式。其中,二极管混频电路具有组合频率少、动态范围大、噪声小、本地振荡电压无反向辐射等优点因而应用较为普遍,下面重点对这类常用混频电路进行讨论。

如图 2-18(a) 所示为常用的二极管平衡混频电路。设其输入端为已调(射频)AM 信号 $u_c = U_c(t)\cos\omega_c t$,$U_c(t) = U_{cm}(1 + m_a\cos\Omega t)$ 为已调信号的包络;本振信号为 $u_L = U_{Lm}\cos\omega_L t$,且 $U_{Lm} \gg U_{cm}$,即本振信号可以看作控制二极管 D_1,D_2 开关的大信号;负载回路的谐振频率为中频 $\omega_I = \omega_L - \omega_c$。利用非线线电路的开关函数傅里叶级展开分析法,可以得到二极管平衡式混频器输出的中频电压为

$$u_I = kU_c(t)\cos\omega_I t = U_I(t)\cos\omega_I t$$

式中,系数 k 是与二极管动态(导通)电阻 r_d 和负载 R_L 有关的常数。显然,与 u_c 相比,u_I 除了相乘一个常系数 k 以外,包络 $U_I(t)$ 与 $U_c(t)$ 是一致的。

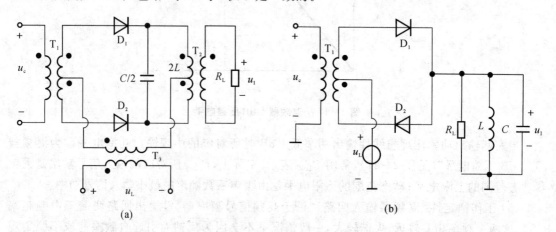

图 2-18 常用的二极管混频电路

(a) 两管平衡式混频器; (b) 两管环形混频器

如图 2-18(b) 所示为一种二极管环形混频电路,在分析中设变压器为理想变压器,初次级的匝数比为 1:2。当本振电压振幅 U_{Lm} 远大于输入信号最大幅度 U_{cm} 时,二极管的开关可以

认为只受本振电压 u_L 控制:当 $u_L > 0$ 时,二极管 D_1 导通,D_2 截止;当 $u_L < 0$ 时,二极管 D_2 导通,D_1 截止。若设二极管的导通电阻为 r_d,LC 谐振回路谐振电阻 $Z_L = R_L$,则 LC 谐振回路在谐振时流过负载回路的电流为

$$i_I = \begin{cases} (u_L + u_c)/(r_d + R_L), & u_L > 0 \\ (u_L - u_c)/(r_d + R_L), & u_L < 0 \end{cases} = g_d[u_L + S(t)u_c]$$

式中,$g_d = 1/(r_d + R_L)$,$S(t)$ 是一个受本振信号 u_L(频率 ω_L)控制的双向开关函数,即

$$S(t) = \begin{cases} 1, & u_L > 0 \\ -1, & u_L < 0 \end{cases} = \frac{4}{\pi}\cos\omega_L t - \frac{4}{3\pi}\cos3\omega_L t + \frac{4}{5\pi}\cos5\omega_L t - \cdots$$

于是可得输出电压 u_I 为

$$u_I = i_I R_L S(t) = g_d R_L \left[U_{Lm}\cos\omega_L t + \left(\frac{4}{\pi}\cos\omega_L t - \frac{4}{3\pi}\cos3\omega_L t + \cdots\right)U_c(t)\cos\omega_c t \right]$$

当 LC 并联谐振回路谐振角频率 $\omega_I = \omega_L - \omega_c$,通频带为 2Ω 时,则混频器选出的中频输出电压为

$$u_I = \frac{2g_d R_L}{\pi}U_c(t)\cos\omega_I t = U_I(t)\cos\omega_I t$$

式中,$U_I(t) = \dfrac{2g_d R_L}{\pi}U_c(t) = \dfrac{2R_L}{\pi(r_d + R_L)}U_{cm}(1 + m_a\cos\Omega t)$。

实际上,利用模拟相乘器实现混频是最直观的方法,其最大的优点是:混频输出电流频谱比较纯净,对接收系统的干扰很小,所允许的输入信号线性动态范围较大,利于减小交调、互调失真,而且输入信号与本振信号之间的隔离度比较好,减少了频率牵引现象的发生。所以,在工程应用中多采用以相乘器为基础单元的集成混频器,如经 Signetics NE/SA601A 型双平衡集成混频器,既能提供 18 dB 的变频增益,还采用输入差动放大器以减小内部噪声。

5. 混频器的干扰

混频器用于超外差式接收机中,使接收机的性能得到改善,但同时又会给接收机带来比较严重的非线性干扰问题,所以在讨论各种混频器时常把其非线性产物的多少作为评估混频器性能优劣的指标之一。混频器是否形成干扰要有两个条件:一是各信号的频率关系条件;二是相关频率分量的幅值条件。一般地,混频器中存在着几种类型的干扰:组合频率干扰(干扰哨声)、副波道干扰或寄生通道干扰、交调干扰、互调干扰、阻塞干扰和倒易混频干扰等。

(1) 组合频率干扰(干扰哨声)。在混频器的输出电流中,除了有所需的差频中频电流外,由于非线性的影响还会有一些谐波频率和组合频率输出($f_I' = \pm pf_L \pm qf_c$,p,q 可以取任意自然数)。比如阶次 $(p + q) > 2$ 的组合频率有 $3f_c$,$3f_L$,$2f_c - f_L$,$2f_L - f_c$,$\cdots$ 如果这些组合频率 f_I' 接近中频 $f_I = f_L - f_c$ 并落在中频放大器的通频带内,就会与有用信号(正确的中频 f_I)一起被放大后加到检波器上。在语音接收系统中,f_I' 与 f_I 差拍检波产生音频,最终以哨叫声的形式形成干扰,故常称这类干扰为干扰哨声。

根据组合系数前面的符号,组合频率干扰输出包括四种情况:① $f_I' = pf_L - qf_c \approx f_I$;② $f_I' = -pf_L + qf_c \approx f_I$;③ $f_I' = pf_L + qf_c \approx f_I$;④ $f_I' = -pf_L - qf_c \approx f_I$。其中第 ④ 种情况是不存在的,第 ③ 种情况在实际系统中不可能出现,所以需要重点考查第 ①② 种情况,注意到 $f_I = f_L - f_c$,因而可以将它们分别改写成

$$f_c \approx \frac{p-1}{q-p}f_I, \qquad f_c \approx \frac{p+1}{q-p}f_I \qquad \text{或} \qquad f_c \approx \frac{p \pm 1}{q-p}f_I \qquad (2-26)$$

而且把 $f/f_c \approx (p \pm 1)/(q-p)$ 称为变频比。显然,只要当变频比确定并能找到对应的整数对 (p,q) 时,就会形成组合频率干扰。事实上,变频比确定后总会找到满足式(2-26)的 (p,q) 值,也就是说有确定的干扰点。但是,若对应 (p,q) 值较大,即阶数 $(p+q)$ 很大,则意味着高阶组合频率分量的幅度较小,实际干扰影响小。若 (p,q) 值小,即阶数 $(p+q)$ 低,则干扰影响较大。实际中应设法减小这类低阶组合频率分量的干扰。接收机的中频频率 f_I 确定后,在其工作频率范围内,由信号及本振产生的组合干扰点总是确定的。

干扰哨声是信号本身(或其谐波)与本振各次谐波组合形成的,与外来干扰无关,所以不能靠提高前端电路的选择性来抑制它。减小这种干扰的办法是减少干扰点的数目并降低干扰的阶数,其抑制方法主要有三种:一是选择适当的中频数值;二是确定适当的工作点,使混频器的工作状态近可能地接近理想的乘法器;三是采用合理的电路形式(如平衡电路、环形电路和乘法器等)而抵消一些组合频率分量。

(2) 副波道干扰(外来组合频率干扰)。如果混频器前端输入回路和高频放大器的频率选择性不好,使一部分干扰信号(频率为 f_n)也进入混频器输入端,它们与本振频率同样也可以形成接近中频频率 f_I 的外来组合频率干扰(表现为串台)。类似地,可以导出这些外来干扰信号的频率产生组合干扰的条件,即

$$f_n \approx \frac{1}{q}(pf_L \pm f_I), \quad f_n \approx \frac{1}{q}[pf_c + (p \pm 1)f_I] \qquad (2-27)$$

也就是说,凡能满足式(2-27)的外来串台信号都可能形成干扰。在这类干扰中,某些特定的频率形成的干扰称为副波道干扰,其中中频干扰($p=0,q=1$)、镜频频率干扰($p=1,q=1$)是最为典型的副波道干扰。

中频干扰是当干扰信号的频率 f_n 等于或接近于接收机的中频 f_I 时,如果混频器前级电路的选择性不够好,致使这种干扰信号漏入混频器的输入端,那么混频器对这种干扰信号不仅给予放大,而且还使其顺利地通过后级电路,并在输出端形成强干扰。由式(2-27)的第一个式子可以看出,中频干扰相当于一个 1 阶强干扰。因此,抑制中频干扰的方法主要是提高混频器前级电路的选择性,以降低漏入混频器输入端的中频干扰的电压值。例如,在混频器的前级电路加中频陷波电路;此外,要合理地选择中频频率,一般应选在工作波段之外,最好是采用高中频方式混频。

镜像干扰的频率关系如图 2-19(a) 所示,由于有用信号 f_c 和干扰信号 f_n 对称地位于本振频率 f_L 两侧,呈镜像关系,所以将 f_n 称为镜像频率,这种干扰叫作镜像干扰。实际上,镜像干扰是一个很强的 2 阶干扰,而且混频器本身对镜像干扰不会有任何的抑制作用,所以抑制镜像干扰的方法主要是提高混频器前端电路的选择性和提高中频频率,以降低加到混频器输入端的镜像频率电压值,显然高中频方式混频对抑制镜像干扰是非常有利的。

接收机的中频频率 f_I 通常是固定的,所以中频干扰的频率也是固定的;而镜像干扰频率则随着信号频率(或本振频率)的变化而变化。这是中频干扰与镜像干扰的不同之处。在其他的组合副波道干扰中,有一类 $p=q$ 的情况值得注意,特别是当 $p=q=2$ 时(4阶干扰),外来组合频率干扰 $f_n = f_L \pm f_I/2$ 对称地分布在本振频率两侧(见图 2-19(b)),其中又以干扰 $f_n = f_L - f_I/2$ 最为严重,因为它离信号频率 f_c 最近。抑制干扰的主要方法是提高中频频率和前端电路的选择性;此外,选择合适的混频电路,以及合理地选择混频管的工作状态都有一定的作用。

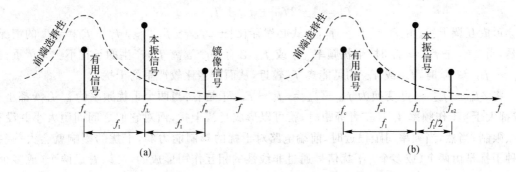

图 2-19　镜像干扰和对称分布干扰的频率关系

（a）镜像干扰；（b）对称分布干扰

（3）交叉调制干扰（交调干扰）。交叉调制（简称交调）干扰的形成与本振信号 f_L 无关，它是有用信号 f_c 与干扰信号 f_n 一起作用于混频器时，由混频器的四阶项非线性（$a_4 x^4$）作用而形成的干扰，其典型特点是当接收有用信号 f_c 时，可同时收到 f_c 和干扰 f_n 的信号，而信号频率与干扰频率间没有固定的关系；一旦有用信号 f_c 消失，干扰信号 f_n 的干扰效果也随之消失，就像干扰 f_n 的调制信号调制到有用信号的载频 f_c 上。因此，交调干扰可以理解为：当一个已调的强干扰信号 $f_n \mp F_n$（F_n 为干扰信号中的包络频谱）与有用信号（已调波或载波）f_c 同时作用于混频器，经非线性作用，将干扰的调制信号 F_n 转移到有用信号的载频 f_c 上，然后再与本振混频，得到中频信号（$f_1 \mp F_n$），从而形成交叉调制干扰（见图 2-20）。

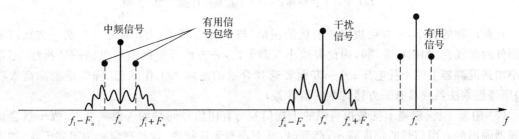

图 2-20　交调干扰的频率交换

交调干扰与有用信号并存，它是通过有用信号而起作用的；同时，它与干扰的载频无关，任何频率的强干扰都可能形成交调干扰。显然，f_n 与 f_c 相差得越大，f_n 受前端电路的抑制越彻底，因而形成的干扰越弱；除了非线性特性的四次方项外，更高的偶次方项也可能产生交调干扰，但是幅值较小，一般可不考虑。因此，抑制交调干扰的措施还是两个方面：一是提高前端电路的选择性，降低加到混频器的干扰幅值；二是选择合适的器件（如平方律器件）及合适的工作状态，使不需要的非线性项（如四阶项）尽可能地小，以减少组合分量。

（4）互调干扰。互调干扰是指两个或多个干扰信号（f_{n1}，f_{n2}，…）同时作用在混频器的输入端，经混频器非线性与本振频率 f_L 产生近似为中频的组合分量，落入中放通频带之内形成的干扰。其中，产生干扰最典型的非线性还是四次方项（$a_4 x^4$），若有两个干扰信号 $u_{n1} = U_{n1}(1 + \cos\omega_{n1} t)$，$u_{n2} = U_{n2}\cos\omega_{n2} t$，本振信号为 $u_L = U_L\cos\omega_L t$，那么可以分解出四次多项式（$u_{n1}^2 u_{n2} u_L$）有

$$u_{n1}^2 u_{n2}^2 u_L = U_{n1}^2(1 + \cos 2\omega_{n1} t)U_{n2}\cos\omega_{n2} t U_L\cos\omega_L t$$

其中假设只有干扰信号 u_{n1} 是已调信号。于是，只要由此可以产生的组合频率

$$f_\Sigma = \left| \pm 2f_{n1} \pm f_{n2} \pm f_L \right| \approx f_1$$

就会形成互调干扰。由 $f_1 = f_L - f_c$，上式必然存在 $\left| \pm 2f_{n1} \pm f_{n2} \right| \approx \left| f_1 - f_L \right| = f_c$ 的情况。于是，当 $2f_{n1} + f_{n2} \approx f_c$ 时，干扰频率 f_{n1} 或 f_{n2} 必有一个远离 f_c，产生的干扰不会太严重；当 $2f_{n1} - f_{n2} \approx f_c$ 时，f_{n1} 或 f_{n2} 均可能离 f_c 较近，从而产生比较严重的干扰。

将 $2f_{n1} - f_{n2} \approx f_c$ 变换为 $f_{n1} - f_{n2} \approx f_c - f_{n1}$，于是有：当两个干扰频率（$f_{n1}$，$f_{n2}$）都小于（或都大于）工作频率 f_c 且三者等距时，就可以形成互调干扰，而对它们之间间距大小并没有什么限制；当然，当频率间距很近时，前端电路对干扰的抑制能力弱，干扰的影响就会大一些。这种干扰是由两个（或多个）干扰信号通过非线性的相互作用形成的，可以看成两个（或多个）干扰的相互作用，产生了接近于输出频率（f_1）的信号而对有用信号形成互调干扰。互调干扰的产生与干扰信号的频率（f_{n1}，f_{n2}）有关，可用"同侧等距"来概括（见图 2-21）。

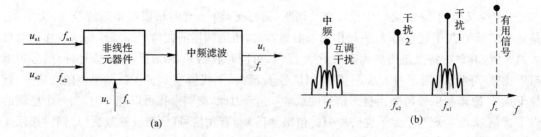

图 2-21　互调干扰原理及频率关系

(a) 互调干扰原理；　(b) 干扰频率同侧等距

互调产物的大小，一方面决定于干扰的振幅（与 $U_{n1}^2 U_{n2}$ 或 $U_{n2}^2 U_{n1}$ 成正比），另一方面决定于器件的非线性（如四次方项），因此要减小互调干扰，一方面要提高前端电路的选择性，尽量减小加到混频器上的干扰电压；另一方面要选择合适的电路和工作状态，降低或消除高次项（如用理想乘法器或具有平方律特性的器件等）。

（5）阻塞干扰。阻塞干扰是指当强的干扰信号与有用信号同时加入混频器时，强干扰会使混频器输出的有用信号的幅度减小；严重时，甚至小到无法接收。这种现象称为阻塞干扰。如果只有有用信号，在信号过强时，也会产生振幅压缩现象，严重时也会有阻塞。产生阻塞的主要原因仍然是混频器中的非线性，特别是引起互调、交调的四阶产物；某些混频器（如晶体管）的动态范围有限，也会产生阻塞干扰。通常，能减小互调干扰的那些措施，都能改善阻塞干扰。

（6）倒易混频。当有强干扰信号进入混频器时，混频器输出端的噪声加大，信噪比降低。任何本振源都不是纯正的正弦波，而是在本振频率附近有一定的噪声边带。在强干扰的作用下，本振噪声与干扰频率进行混频而形成干扰噪声，如果这些干扰噪声落入中频频带，会降低输出信噪比，所以称之为"倒易混频"。

倒易混频也可以看作是以干扰信号作为"本振"，而以本振噪声作为信号的混频过程，这就是被称为"倒易混频"的原因。倒易混频实际上是混频器的正常混频过程，并不是其他非线性的产物，产生倒易混频的干扰信号的频率范围较宽。

倒易混频的影响也可以看成是外界干扰增大了混频器噪声系数的结果。干扰越强，本振噪声越大，倒易混频的影响就越大。在设计高性能接收机时，必须考虑倒易混频，其抑制措施除了设法削弱进入混频器的干扰电平（提高前端电路的选择性）以外，主要是提高本振的频谱纯度。

2.2　单谐振 LC 选频网络

从输入信号频率分量中选择出有用信号而抑制掉无用信号称为选频或滤波。LC 选频网络是高频电路中最简单且应用最广泛的谐振电路网络,是构成高频放大器、正弦波振荡电路及各种滤波器的重要单元,也可以组成各种形式的阻抗变换电路。这里主要介绍 LC 并联与串联谐振电路选频特性,并介绍几种工程中常用的 LC 阻抗变换网络。

2.2.1　选频网络的基本特性

实用的信号都含有很多频率成分,其能量的主要部分总是集中在一定宽度的频带范围之内,是占有一定频带宽度的频谱信号,从而要求选频电路网络的通频带宽应与所传输信号的有效频谱宽度一致。

1. 理想频率特性

为了不引起信号的幅度失真和相位失真,选频网络的理想频率特性(见图 2-22)应满足以下条件:

(1) 通频带内的幅频特性:$dH(f)/df = 0$,　　$(f_0 - \Delta f < f < f_0 + \Delta f)$;

(2) 通频带外的幅频特性:$H(f) = 0$,　　　　$(f > f_0 + \Delta f$ 或 $f < f_0 - \Delta f)$;

(3) 通频带内的相频特性:$d\varphi(f)/df = \tau_g$,　　$(f_0 - \Delta f < f < f_0 + \Delta f)$。

式中　　f_0 —— 中心频率;

　　　　$2\Delta f$ —— 信号有效带宽(常用 B_w 表示);

　　　　τ_g —— 群延迟时间(为了不失真则要求其为常数)。

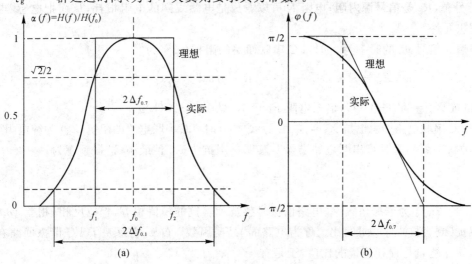

图 2-22　选频电路网络的频率特性曲线

(a) 选频网络归一化幅频特性;　(b) 选频网络相频特性

2. 矩形系数

理想选频网络的幅频特性是一个关于频率的矩形窗函数,但这是一个物理不可实现系统,因此实际选频电路网络的幅频特性只能是接近于矩形,并用矩形系数 $K_{0.1}$ 表示实际选频特性接近矩形的程度,其定义为

$$K_{0.1} = 2\Delta f_{0.1}/2\Delta f_{0.7} \tag{2-28}$$

式中　　$2\Delta f_{0.7}$——最大幅频特性值下降到 $1/\sqrt{2}$ 时两边界频率之间的频带宽度(通频带);

　　　　$2\Delta f_{0.1}$——最大幅频特性值下降到 0.1 时两边界频率之间的频带宽度。

理想选频网络的矩形系数 $K_{0.1} = 1$,实际选频电路的矩形系数都大于1〔见图 2-22(a)〕。选频电路的 $K_{0.1}$ 越小(越接近于 1),选频特性越好。

3. 实际频率特性

实际选频电路的相频特性曲线在通频带内并不是一条直线,电路网络对各个频率所产生的相移也不成线性关系〔见图 2-22(b)〕,因此选频电路网络不可避免地会产生幅度失真和相位失真,使选频回路输出信号的包络波形产生变化。

实际上,要设计一个完全满足幅频和相频特性要求的选频网络并非易事,往往只能在一定条件下进行合理近似。

2.2.2　LC 选频网络

单谐振 LC 选频网络主要有 LC 串联谐振回路和 LC 并联谐振回路两类基本形式,它们的选频特性之间具有对偶关系。

1. LC 串联谐振回路

如图 2-23(a) 所示是LC 串联谐振选频回路,它由电感 L、电容 C 和电阻 R 串联而成,其中 u_0 是信号源,R_0 是信号源内阻;电阻 R 可以看成是电感线圈的电阻损耗,从而把电感、电容看成是理想元件。

当输入信号 u_s 的频率为 ω 时,LC 串联回路的阻抗(Z_S) 为

$$Z_S = R + j\omega L + \frac{1}{j\omega C} = R + j\left(\omega L - \frac{1}{\omega C}\right) = R_S + jX_S \tag{2-29}$$

式中,电抗 $X_S = \omega L - 1/\omega C$,谐振电阻 $R_S = R$(见图 2-23(b))。

当 LC 串联电路的总电抗 $X_S = \omega L - 1/\omega C = 0$ 时,LC 串联电路的阻抗(Z_S) 为纯电阻($R_S = R$),这种状态就称为"LC 串联电路谐振",其谐振阻抗为 R_S 且最小;谐振频率为

$$f_0 = \frac{\omega_0}{2\pi} = \frac{1}{2\pi\sqrt{LC}} \tag{2-30}$$

式中,$\omega_0 = 2\pi f_0$ 为谐振角频率。电路谐振时感抗和容抗的模值相等,相位反相(相差 180°)。把电路感抗(或容抗)与电阻的比值称为电路的"品质因数"(Q_S),它反映了 LC 谐振回路在谐振状态下储存能量与损耗能量的比值,于是有

$$Q_S = \frac{\omega_0 L}{R} = \frac{1}{\omega_0 CR} = \frac{1}{R}\sqrt{\frac{L}{C}} \tag{2-31}$$

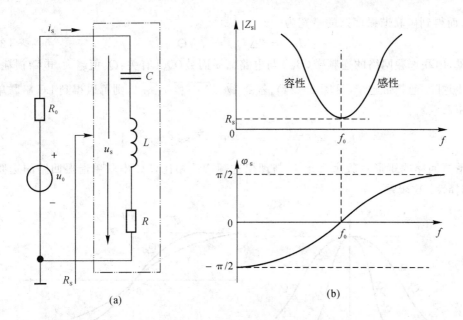

图 2-23 LC 串联单谐振选频回路及阻抗频率特性

(a) 串联谐振回路; (b) 阻抗频率特性

用外接信号频率 f 与电路谐振频率 f_0 之差 $(\Delta f = f - f_0$ 或 $\Delta\omega = \omega - \omega_0)$ 表示频率偏离谐振的程度,也称为"失谐"。利用式(2-31)中的关系,将式(2-29)进一步表示为

$$Z_S = R\left[1 + j\frac{\omega_0 L}{R}\left(\frac{\omega}{\omega_0} - \frac{\omega_0}{\omega}\right)\right] = R\left[1 + jQ_S\left(\frac{\omega}{\omega_0} - \frac{\omega_0}{\omega}\right)\right] \qquad (2-32)$$

在实际应用中,LC 谐振电路正常工作 f 与 f_0(即 ω 与 ω_0)很接近,所以

$$\frac{\omega}{\omega_0} - \frac{\omega_0}{\omega} = \frac{\omega^2 - \omega_0^2}{\omega_0\omega} = \frac{(\omega + \omega_0)(\omega - \omega_0)}{\omega_0\omega} \approx \frac{2\omega}{\omega}\frac{\Delta\omega}{\omega_0} = 2\frac{\Delta\omega}{\omega_0} \qquad (2-33)$$

令 $\xi = Q_S 2\Delta\omega/\omega_0$,称为"广义失谐",那么式(2-32)可以简化为

$$Z_S = R(1 + jQ_S \cdot 2\Delta\omega/\omega_0) = R(1 + j\xi) = |Z_S|e^{j\varphi_S} \qquad (2-34)$$

那么串联谐振电路的阻抗模值 $|Z_S|$ 和相角 φ_S 可以分别表示为

$$|Z_S| = R_S\sqrt{1 + (Q_S \times 2\Delta\omega/\omega_0)^2} = R_S\sqrt{1 + \xi^2} \qquad (2-35)$$

$$\varphi_S = \arctan(Q_S \times 2\Delta\omega/\omega_0) = \arctan\xi \qquad (2-36)$$

从而得到串联谐振电路阻抗频率特性曲线〔见图 2-23(b)〕:当 $f > f_0$ 时,串联谐振电路呈感性,$|Z_S| > R_S$;当 $f < f_0$ 时,串联谐振电路呈容性,$|Z_S| > R_S$;当 $f = f_0$ 时,串联谐振电路感抗与容抗刚好抵消,呈纯阻性(R)。

在任意频率(ω)时电流 $i(j\omega)$ 与谐振频率时电流 $i_0(j\omega_0)$ 的模值之比

$$\alpha_S = \left|\frac{i(j\omega)}{i_0(j\omega_0)}\right| = \left|\frac{u(j\omega)/Z_S}{i_0(j\omega_0)/R_S}\right| = \frac{1}{\sqrt{1 + \xi^2}} \qquad (2-37)$$

且电流相位 Ψ_S 与回路阻抗的相位 φ_S 之间满足关系式:

$$\Psi_S = -\varphi_S = -\arctan\xi \qquad (2-38)$$

根据通频带(电路宽宽)的定义,即 α_S 由 1 下降到 $\sqrt{2}/2$ 时所对应的频率范围,令式(2-37)等于

$\sqrt{2}/2$,从而得到串联谐振回路的带宽为

$$B_W = 2\Delta f_{0.7} = f_0/Q_S \qquad (2-39)$$

由此可见,串联选频网络的通频带(B_W)与电路品质因数(Q_S)有关:Q_S 值越大,电路损耗越小,谐振曲线越陡,通频带越窄(见图 2-24)。若令 $1/\sqrt{1+\xi^2} = 0.1$,则可以得到 LC 串联单谐振回路的矩形系数:

$$K_{0.1} = \frac{2\Delta f_{0.1}}{2\Delta f_{0.7}} = \sqrt{100-1} \approx 9.95 \gg 1 \qquad (2-40)$$

可见单谐振回路的矩形系数远大于1,与理想选频特性相比,LC 串联单谐振回路的选频特性(频率选择性)比较差。

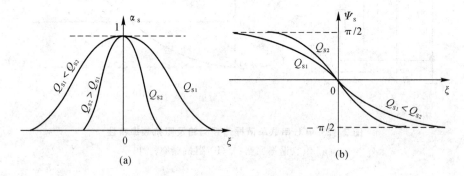

图 2-24 串联谐振回路电流频率特性与品质因数的关系

(a) 幅频特性; (b) 相频特性

2. LC 并联谐振回路

如图 2-25(a) 所示是 LC 并联单谐振选频回路,它由电感 L、电容 C 并联而成。图中,i_0 是信号源,R_0 是信号源内阻;电阻 R 是电感线圈的电阻损耗,从而把图中电感、电容看成是理想元件。当输入信号频率 $\omega = 2\pi f$ 时,LC 并联回路输入端口的并联阻抗可以表示为

$$Z_P = \left[\frac{R+j\omega L}{j\omega C}\right] \Big/ \left(R+j\omega L + \frac{1}{j\omega C}\right) = \left[\frac{R+j\omega L}{j\omega C}\right] \Big/ \left[R+j\left(\omega L - \frac{1}{\omega C}\right)\right] \qquad (2-41)$$

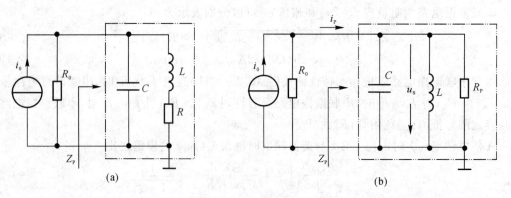

图 2-25 LC 并联单谐振选频回路及等效电路

(a) 并联谐振回路; (b) 等效并联谐振回路

在实际应用中通常都满足条件 $\omega L \gg R$，于是式（2 - 41）可近似表示为

$$Z_P \approx \left(\frac{L}{C}\right)\Big/\left(R + j\omega L + \frac{1}{j\omega C}\right) = 1\Big/\left[\frac{RC}{L} + j\left(\omega L - \frac{1}{\omega C}\right)\right] \tag{2 - 42}$$

并联谐振回路采用导纳分析比较方便，为此引入并联谐振的导纳：

$$Y_P = \frac{1}{Z_P} = \frac{RC}{L} + j\left(\omega L - \frac{1}{\omega C}\right) = G_P + jB_P \tag{2 - 43}$$

式中，$G_P = RC/L$ 为电导；$B_P = \omega L - 1/\omega C$ 为电纳。当 LC 谐振回路的总电纳（B_P）为 0 时，并联谐振的导纳 Y_P 为纯电导 G_P，所呈现的状态称为"LC 谐振回路对外加信号源频率 ω 谐振"。于是，并联回路的谐振条件可以表示为

$$B_P = \omega L - \frac{1}{\omega C} = 0 \tag{2 - 44}$$

从而解得谐振频率为

$$\omega_0 = 1/\sqrt{LC} \qquad \text{或} \qquad f_0 = 1/(2\pi\sqrt{LC}) \tag{2 - 45}$$

显然，它与串联谐振回路谐振频率在形式上〔式（2 - 30）〕是一致的。同样地，可以得到 LC 并联谐振回路的品质因数（Q_P）为

$$Q_P = \frac{\omega_0 L}{R} = \frac{1}{\omega_0 RC} = \frac{1}{R}\sqrt{\frac{L}{C}} \tag{2 - 46}$$

当 LC 并联谐振回路谐振时，回路阻抗 Z_P 为一纯电阻 R_P 且为 $|Z_P|$ 的最大值。由式（2 - 42）可得

$$R_P = |Z_P|_{\max} = L/RC \tag{2 - 47}$$

于是，为了方便分析实际问题，常将图 2 - 25(a) 所示的并联谐振回路等效为图 2 - 25(b) 所示的并联电路，其中 R_P 即为谐振阻抗，而且存在关系式：

$$R_P = Q_P/\omega_0 C = Q_P\omega_0 L \tag{2 - 48}$$

即并联谐振电阻 R_P 是谐振回路感抗（$\omega_0 L$）或容抗（$1/\omega_0 C$）的 Q_P 倍。

利用式（2 - 42）和式（2 - 33），还可以将 Z_P 表示为

$$Z_P = R_P\Big/\left(1 + Q_P\frac{2\Delta\omega}{\omega_0}\right) = \frac{R_P}{1 + j\xi} = |Z_P|e^{j\varphi_P} \tag{2 - 49}$$

式中 $|Z_P|$ —— 并联回路阻抗的模；

φ_P —— 并联回路阻抗的相角，即

$$|Z_P| = R_P/\sqrt{1 + \xi^2}, \qquad \varphi_P = -\arctan\xi \tag{2 - 50}$$

得到 LC 并联谐振阻抗频率特性曲线如图 2 - 26(a) 所示；与图 2 - 23(b) 对比可以看出，并联回路的阻抗频率特性与串联回路阻抗频率特性呈对偶关系。

根据对偶关系，可以得到并联谐振回路的电压频率特性及其与品质因数的关系（见图 2 - 26(b)），它与图 2 - 24 所示的曲线完全一致，即电压幅频特性：

$$\alpha_P = \left|\frac{u(j\omega)}{u_0(j\omega)}\right| = \left|\frac{i(j\omega)Z_P}{i_0(j\omega)R_P}\right| = \frac{1}{\sqrt{1 + \xi^2}} \tag{2 - 51}$$

电压相位 Ψ_P 与阻抗相位 φ_P 之间满足关系式：

$$\Psi_P = \varphi_P = -\arctan\xi \tag{2 - 52}$$

因此，并联回路的矩形系数可以用式（2 - 40）来表示。

实际上,并联谐振时,回路的输入端口电流 $i(j\omega_0)$ 并不大,理想情况下甚至可以忽略该电流(即断路),但是电感 L 和电容 C 支路上的电流却很大(两者方向相反,等于端口电流的 Q_P 倍)($|i_C(j\omega_0)| = |i_L(j\omega_0)| = Q_P i(j\omega_0)$),所以并联谐振又称为"电流谐振";类似地,串联谐振时,回路的输入端口电压 $u(j\omega_0)$ 并不大,理想情况下甚至可以忽略该电压(即短路),但是电感 L 和电容 C 两端电压却很大(两者方向相反,等于端口电压的 Q_S 倍)〔$|u_C(j\omega_0)| = |u_L(j\omega_0)| = Q_S u(j\omega_0)$,故元件耐压问题很重要〕,所以串联谐振又称为"电压谐振"。

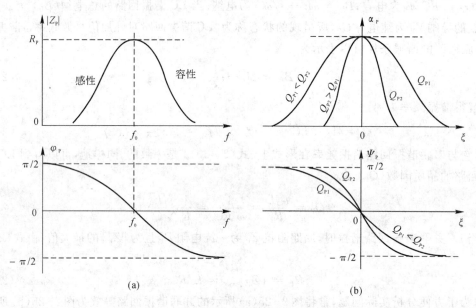

图 2-26 LC并联单谐振选频回路阻抗频率特性

(a)阻抗频率特性; (b)电压幅频和相频特性

需要注意的是,分析并联谐振电路的选频特性时,需要满足一个重要的前提条件($\omega_0 L \gg R$)。实际上,考虑电感损耗电阻 R 时并联回路的谐振频率为

$$f_0 = \frac{1}{2\pi\sqrt{LC}}\sqrt{1 - \frac{R^2 C}{L}} = \frac{1}{2\pi\sqrt{LC}}\sqrt{1 - \frac{1}{Q_P^2}} \tag{2-53}$$

当 $Q_P \gg 1$ 时,式(2-53)就可以近似表示为式(2-45)。因此,若电感损耗电阻 R 太大则会影响谐振阻抗和回路的频率选择性(见图2-27)—— 电感损耗电阻 R 越大,谐振阻抗越小〔即满足式(2-47)〕,选择性越差,通频带($B_W = f_0/Q_P$)越宽;反之,谐振阻抗越大,选择性越好,通频带越窄。

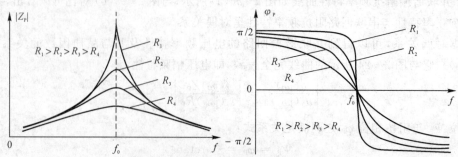

图 2-27 电感损耗电阻对并联回路选频特性的影响

3. 信号源内阻及负载对 LC 选频网络的影响

一个实用的 LC 并联或串联选频网络必须要外接信号源和负载,那么信号源的内阻 r_s 和和负载电阻 R_L 就必然会对谐振回路的特性产生影响。考虑如图 2-28 所示的接有信号源和负载的 LC 并联选频回路和串联选频回路,它们的等效品质因数(或称有载 Q 值)分别为

$$Q_{PL} = \frac{r_s \parallel R_P \parallel R_L}{\omega_0 L}, \qquad Q_{SL} = \frac{\omega_0 L}{R + r_s + R_L} \qquad (2-54)$$

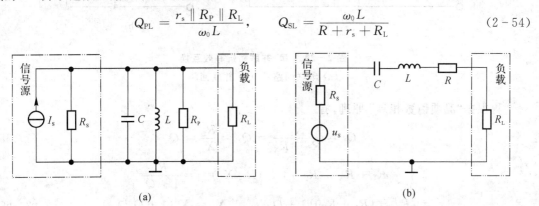

(a)   (b)

图 2-28 考虑信号源内阻和负载后的串、并联选频网络

(a) 并联回路; (b) 串联回路

与空载时的 $Q_P = R_P/\omega_0 L$ 和 $Q_S = \omega_0 L/R$ 相比,有

$$Q_{PL} = \frac{Q_P}{1 + \dfrac{R_P}{r_s} + \dfrac{R_P}{R_L}}, \qquad Q_{SL} = \frac{Q_S}{1 + \dfrac{r_s}{R} + \dfrac{R_L}{R}} \qquad (2-55)$$

显然,与 Q_P 和 Q_S 相比,有载 Q 值下降,因此通频带加宽、选择性变坏。那么,为了降低信号源的内阻 r_s 和负载电阻 R_L 对选频回路的影响,在高频电路中常采用 LC 阻抗变换网络,将 r_s 和 / 或 R_L 变换成合适的值后再与选频网络连接。

2.2.3 LC 阻抗变换网络

为了实现阻抗变换,在高频电路中常采用串-并联阻抗等效互换、变压器阻抗变换和部分接入回路阻抗变换。需要特别指出的是,LC 阻抗变换都是以"谐振"概念为基础的;或者说,阻抗变换通常只在谐振频率处有效。

1. 串-并联阻抗等效互换

设串联回路是由阻抗 $Z_1 = R_X + jX_1$ 与负载电阻 R_1 构成的串联电路,并联回路是由电抗 X_2 与互换后的电阻 R_2 构成的并联电路(见图 2-29)。串-并联阻抗等效互换有两个原则:一是互换前后电路的阻抗相等;二是互换前后回路的品质因数(Q)相等。根据"阻抗相等"原则,有

$$R_1 + Z_1 = (R_1 + R_X) + jX_1 = R_2 + jX_2 = \frac{R_2 X_2^2}{R_2^2 + X_2^2} + j \frac{R_2^2 X_2}{R_2^2 + X_2^2} \qquad (2-56)$$

于是有

$$R_1 + R_X = \frac{R_2 X_2^2}{R_2^2 + X_2^2}, \qquad X_1 = \frac{R_2^2 X_2}{R_2^2 + X_2^2} \qquad (2-57)$$

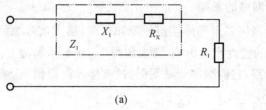
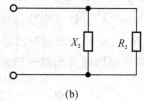

图 2-29　串-并联阻抗等效互换

(a) 串联回路；　(b) 并联回路

再根据"品质因数相等"原理,有

$$Q_1 = \frac{X_1}{R_1 + R_X} = Q_2 = \frac{R_2}{X_2} = Q \qquad (2-58)$$

$$R_1 + R_X = R_2 / [1 + (R_2/X_2)^2] = \frac{R_2}{1 + Q^2} \qquad (2-59)$$

$$R_2 = (R_1 + R_X)(1 + Q^2), \qquad X_2 = X_1(1 + Q^{-2}) \qquad (2-60)$$

只要品质因数(Q)很大(比如$Q \gg 10$),那么式$(2-60)$可以近似表示为

$$R_2 \approx (R_1 + R_X)Q^2, \qquad X_2 \approx X_1 \qquad (2-61)$$

由式$(2-61)$可知,只要回路的品质因数足够大,串联回路等效互换成并联回路后,并联回路的电抗 X_2 与串联回路的电抗 X_1 基本不变,而并联等效电阻 R_2 是串联电阻$(R_1 + R_X)$的 Q^2 倍。

2. 变压器阻抗变换

在如图 2-30 所示的变压器电路中,设初级和次级线圈之间为全耦合(即耦合系数 $k = M/\sqrt{L_1 L_2} = 1$,其中:M 为互感,L_1 为初级线圈电感,L_2 为次级线圈电感),初级电感线圈匝数为 n_1、次级线圈匝数为 n_2,线圈损耗忽略不计,等效到初级回路的负载电阻 R'_L 所消耗的功率应与次级线圈负载电阻 R_L 所消耗的功率相等,即

$$u_2^2/R_L = u_1^2/R'_L \qquad \text{或} \qquad R'_L/R_L = u_1^2/u_2^2 = (n_1/n_2)^2 \qquad (2-62)$$

这里用到了变压器全耦合时 $u_1/u_2 = n_1/n_2$ 的关系。由式$(2-62)$可以得到

$$R'_L = (n_1/n_2)^2 R_L \qquad (2-63)$$

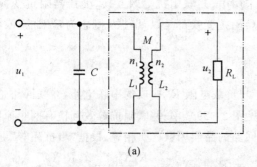
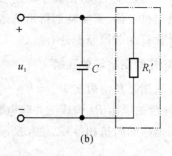

图 2-30　变压器阻抗变换等效电路

(a) 原始负载；　(b) 等效负载

若 $n_1/n_2 > 1$,则 $R'_L > R_L$,等效初级回路负载电阻增大；若 $n_1/n_2 < 1$,则 $R'_L < R_L$,等效初

级回路负载电阻减小。因此,可以通过改变变压器线圈变比(n_1/n_2)来调整 R'_L 的大小,从而有利于前级电路输出回路的阻抗匹配。

3. 部分接入回路阻抗变换

为了减弱源或负载电阻对选频回路的影响,常采用如图 2-31 所示的部分接入回路(电感线圈抽头和电容分压),并定义接入系数(或抽头系数)为

$$p = \frac{u_{bo}(部分接入电压)}{u_{ao}(回路电压)} \tag{2-64}$$

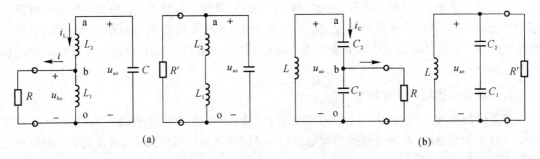

图 2-31　部分接入回路阻抗变换

(a) 电感抽头及其等效变换；　(b) 电容分压及其等效变换

若回路谐振(或失谐不大)、品质因数很大,而且外电路分流($i \ll i_L, i \ll i_C$)可以忽略,那么电容分压和电感线圈抽头回路的接入系数可以分别表示为

$$p = \frac{u_{bo}}{u_{ao}} = \frac{1/\omega_0 C_1}{1/\omega_0 C} = \frac{C}{C_1} = \frac{C_2}{C_1 + C_2}, \quad (C = \frac{C_1 C_2}{C_1 + C_2}) \tag{2-65}$$

$$p = \frac{u_{bo}}{u_{ao}} = \begin{cases} L_1/(L_1 + L_2) & , \quad 忽略互感 \\ (L_1 \pm M)/(L_1 + L_2 \pm 2M), & 互感为 M \end{cases} \tag{2-66}$$

在式(2-66)中,当电感线圈 L_1 和 L_2 绕向一致时取"+",绕向相反时取"-"。当回路谐振时,利用功率等效关系,可得

$$\frac{u_{ao}^2}{R'} = \frac{u_{bo}^2}{R} \quad 或 \quad \frac{1}{R'} = \frac{u_{bo}^2}{u_{ao}^2} \frac{1}{R} = \left(\frac{u_{bo}}{u_{ao}}\right)^2 \frac{1}{R} = p^2 \frac{1}{R} \tag{2-67}$$

$$R' = R/p^2, \qquad G' = Gp^2 \tag{2-68}$$

通常,接入系数 $p < 1$,故 R' 总是大于 R,从而可以减弱 R 对谐振回路的影响,即采用部分接入回路由低抽头向高抽头转换时,等效阻抗增加($1/p^2$ 倍);反之,由高抽头向低抽头转换时,等效阻抗降低(p^2 倍)。在实际应用中,只要满足 $pQ \approx 1$ 的条件,把外接电阻 R 换成阻抗 Z、导纳 Y 或电流源 i_s,也可以得到类似的关系,即

$$Z' = Z/p^2, \qquad Y' = Yp^2, \qquad i'_s = i_s p^2 \tag{2-69}$$

2.3　非线性电路工程分析方法

非线性元器件的伏安(V-I)特性不是直线,非线性电路也不满足叠加原理,在工程分析中只能根据实际工作条件(静态偏置、激励信号幅度等)选择适当的近似方法来处理,既要尽

量简单,又要尽量准确,以避免复杂冗长的严格解析推导过程,因为这些严格的解析推导对于掌握电路原理和提高结果精度并没有显著的作用效果。在高频电路中,研究 PN 结的非线性特性具有典型性,下面先以 PN 结二极管为例来说明非线性元器件的基本特性,然后重点介绍几种常用的分析方法。

2.3.1 非线性器件的基本特性

在高频电路中,非线性元器件(比如 PN 结二极管、晶体三级管等)是组成频率变换电路的基本单元,在一定条件下还可以实现信号的功率变换,其基本特性主要包括三个方面:工作特性非线性(V-I 特性不是直线),具有频率变换作用(会产生新的频率分量)、非线性电路不满足叠加原理。

1. 非线性元器件的伏安特性

与常见的线性元器件(电阻、电感和电容)不同,PN 结二极管的伏安特性是一条如图 2-32(a) 所示的曲线。在二极管上施加电压 U_D,可以得到对应的电流 I_D,那么定义二极管在该电压下的直流电阻为

$$R_D\big|_{U_D} = U_D/I_D = 1/\tan\beta \tag{2-70}$$

式中　β—— 直线 OQ 与横轴之间的夹角。

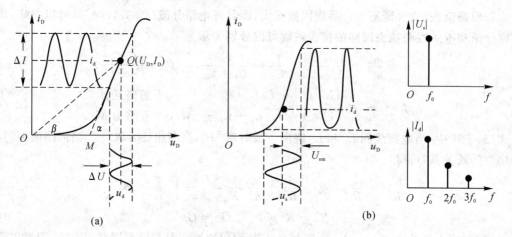

图 2-32　非线性元器件伏安特性及其频率变换作用
（a）非线性元件伏安特性；　（b）二极管非线性电流及其频率变换作用

显然,直流电阻 $R_D\big|_{U_D}$ 与外加直流电压 U_D 的大小有关,其值等于直线 OQ 斜率的倒数。如果在直流电压 U_D 上叠加一个小信号 u_d(峰-峰值为 ΔU),则会在直流电流 I_D 上引起一个交流电流 i_d(峰-峰值为 ΔI)。当 ΔU 足够小时,定义二极管在该静态工作点 Q 下的交流电阻(或动态电阻)r_d 为

$$r_d\big|_Q = \lim_{\Delta U \to 0} \frac{\Delta U}{\Delta I} = \frac{du_d}{di_d}\bigg|_Q = \frac{1}{\tan\alpha}\bigg|_Q \tag{2-71}$$

式中　α—— 切线 MQ 与横轴之间的夹角。

可以看出,r_d 是 V-I 特性曲线在静态工作点 Q 处切线斜率的倒数,也与外加静态工作电

压 U_D 的大小有关。实际上，上面的结论可以推广至其他非线性元器件，即非线性元器件一般都有静态和动态两个电阻，在 V-I 特性曲线的任一点，静态电阻 R_D 和动态电阻 r_d 的大小都会变化；如果工作点是时变的，则电阻值也会随时间变化，表现为时变电阻。此外，二极管结电容也具有类似的非线性特性，这已在 2.1.3 节中有所论述，这里不再赘述。

2. 非线性元器件的频率变换作用

在线性元件（比如线性电阻、电感和电容等）两端施加某一频率（f_0）余弦电压 $U_{sm}\cos(2\pi f_0 t)$，那么在元件中就会产生同一频率的电流。但是，对于非线性元器件，施加频率为 f_0 的余弦电压，则会得到含有很多新频率（比如 $2f_0$，$3f_0$，……）的电流〔见图 2-32(b)〕。也就是说，非线性元器件具有频率变换的能力。

一般地，非线性元件的输出信号比输入信号具有更丰富的频率成分。许多重要的通信、雷达技术等，正是利用非线性元件的频率变换作用才得以实现。当然，非线性元器件也会因为频率变换作用而在电路中产生非常严重的干扰，比如混频器的组合干扰、交调干扰和互调干扰等，都主要是因为元器件存在高阶非线性而引起的常见干扰问题。

3. 非线性电路不满足线性叠加原理

在分析线性电路时运用叠加原理可以使问题大为简化，但是这一原理在非线性电路中并不适用。比如，具有抛物线形（二次方运算：$i_d = ku_d^2$，k 为常系数）伏安特性曲线的非线性元件，两端加上两个正弦电压 $u_{d1} = U_1\sin\omega_1 t$，$u_{d2} = U_2\sin\omega_2 t$，那么元件两端的端电压为两者之和，即 $u_d = u_{d1} + u_{d2} = U_1\sin\omega_1 t + U_2\sin\omega_2 t$，那么元件中流过的电流为

$$i_d = ku_d^2 = k(U_1\sin\omega_1 t + U_2\sin\omega_2 t)^2 = kU_1^2\sin^2\omega_1 t + kU_2^2\sin^2\omega_2 t + 2kU_1 U_2\sin\omega_1 t \cdot \sin\omega_2 t$$

显然，该电流与 u_{d1}，u_{d2} 单独作用时所产生的电流之和为

$$i_{d\Sigma} = ku_{d1}^2 + ku_{d2}^2 = kU_1^2\sin^2\omega_1 t + kU_2^2\sin^2\omega_2 t$$

两者并不相同 $i_d \neq i_{d\Sigma}$，即不满足叠加原理。

2.3.2　非线性电路的级数展开分析方法

常用的非线性电路分析主要有图解法、基于级数展开的工程分析法等。图解法主要是把非线性曲线用理想化的折线近似，在定性和原理分析中应用得比较多；级数展开分析法主要是把元器件非线性 V-I 特性函数展开为某种级数，然后把信号与非线性函数的乘积化为信号与级数项的乘积和，从而有利于简化问题分析过程并有效把握电路的功能和原理。这里重点介绍三种常用的级数展开分析方法。

1. 指数关系的幂级数展开分析法

以 PN 结非线性特征为主的元器件，流过其中的电流基本都具有式（2-5）的指数形式。利用指数函数 e^x 的幂级数

$$e^x = 1 + x + \frac{1}{2!}x^2 + \frac{1}{3!}x^3 + \cdots + \frac{1}{n!}x^n + \cdots \qquad (2-72)$$

如果电压为 $u_d = U_Q + U_m\cos\omega t$，且 U_m 比较小、静态工作点 $U_Q \gg U_T(26\ \mathrm{mV})$，则可以将流过非线性元器件的电流 $i_d(t)$ 表示为

$$i_{\mathrm{d}}(t) \approx I_{\mathrm{S}}\mathrm{e}^{\frac{u_{\mathrm{d}}}{U_{\mathrm{T}}}} = I_{\mathrm{S}} + \frac{I_{\mathrm{S}}u_{\mathrm{d}}}{U_{\mathrm{T}}} + \frac{I_{\mathrm{S}}}{2!}\left(\frac{u_{\mathrm{d}}}{U_{\mathrm{T}}}\right)^2 + \frac{I_{\mathrm{S}}}{3!}\left(\frac{u_{\mathrm{d}}}{U_{\mathrm{T}}}\right)^3 + \cdots = I_{\mathrm{S}}\sum_{n=0}^{\infty}\frac{(U_{\mathrm{Q}} + U_{\mathrm{m}}\cos\omega t)^n}{n!U_{\mathrm{T}}^n} \quad (2-73)$$

再利用二项式定理

$$(a+b)^n = \sum_{k=0}^{n} C_n^k a^{n-k} b^k, \qquad C_n^k = \frac{n!}{k!(n-k)!}$$

将式(2-73)进一步展开,并利用三角函数公式

$$\cos^n \omega t = \begin{cases} \dfrac{1}{2^n}\left[C_n^{n/2} + \displaystyle\sum_{k=0}^{n/2-1} C_n^k \cos(n-2k)\omega t\right], & n \text{ 为偶数} \\[3mm] \dfrac{1}{2^n}\left[\displaystyle\sum_{k=0}^{(n-1)/2} C_n^k \cos(n-2k)\omega t\right], & n \text{ 为奇数} \end{cases}$$

从而可以将 $i_{\mathrm{d}}(t)$ 表示为

$$i_{\mathrm{d}}(t) \approx \sum_{n=0}^{\infty} A_n \cos(n\omega t) \qquad (2-74)$$

的形式,其中 A_n 为与 $I_{\mathrm{S}}, U_{\mathrm{T}}, U_{\mathrm{m}}$、静态工作点 U_{Q} 及求和阶次 n 有关的幅度分量,从分析频率变换问题的角度,实际上没有必要关心其具体的表达式。从式(2-74)可以看出, $i_{\mathrm{d}}(t)$ 中不但含有直流、 ω 频率分量,还有大于 2 次以上的高次谐波频率分量,具有新的频率分量产生,表现出频率变换的作用。

如果有两个电压信号 $u_{\mathrm{d}1} = U_1\cos\omega_1 t, u_{\mathrm{d}2} = U_2\cos\omega_2 t$ 同时作用于非线性元件,那么根据上述分析可以得到电流 $i_{\mathrm{d}\Sigma}(t)$ 为

$$i_{\mathrm{d}\Sigma}(t) \approx \sum_{n=0}^{\infty}\sum_{m=0}^{n} B_{nm}\cos^{n-m}\omega_1 t \cos^m \omega_2 t \qquad (2-75)$$

同样地,其中 B_{nm} 为幅度分量,并没有必要关心其具体表示。为了弄清式(2-75)所包含的各频率分量,利用三角函数的积分和差公式

$$\cos\omega_1 t \cos\omega_2 t = \frac{1}{2}\left[\cos(\omega_1 + \omega_2)t + \cos(\omega_1 - \omega_2)t\right]$$

可以得到 $i_{\mathrm{d}\Sigma}(t)$ 中含有的频率成分为

$$p\omega_1, q\omega_2, |p\omega_2 \pm q\omega_1|, \quad p, q = 1, 2, 3, \cdots$$

而且,其中的组合频率分量 $|p\omega_2 \pm q\omega_1|$ 总是成对出现的,即如果有 $(p\omega_2 + q\omega_1)$,则必有 $(p\omega_2 - q\omega_1)$。

在实际电路中,非线性元器件总要与一定性能的线性网络配合使用才能得到需要的频率成分。为了利用某些频率来完成一定的功能,高频电路常采用具有选频(滤波)作用的某种线性网络作为非线性元件的负载,从非线性元件的输出电流中取出所需要的频率成分,同时滤除不需要的频率(干扰)成分。

2. 时变工作点上的泰勒级数展开分析法

设非线性元器件的 $V\text{-}I$ 特性用非线性函数表示为

$$i_{\mathrm{d}} = f(u_{\mathrm{d}}), \qquad u_{\mathrm{d}} = U_{\mathrm{Q}} + u_{\mathrm{s}} \qquad (2-76)$$

其中 U_{Q} 为静态工作点, u_{s} 为输入信号。不失一般性,还是讨论输入信号为两个余弦信号的情况,即

$$u_{\mathrm{s}} = u_1 + u_2 = U_1\cos\omega_1 t + U_2\cos\omega_2 t$$

但是,要求 u_1 是一个振幅很小的信号, u_2 是一个振幅很大的信号,即 $U_2 \gg U_1$。

　　两个信号同时作用于非线性元器件时,可以认为工作点受大信号 u_2 控制,使静态工作点 (U_Q) 变成一个时变的工作点 $(U_Q + u_2)$。用时变工作点电压

$$U_B(t) = U_Q + u_2 = U_Q + U_2\cos\omega_2 t \tag{2-77}$$

将式(2-76)在时变工作点 $U_B(t)$ 上利用泰勒级数展开,得

$$i_d = f(U_B + u_1) = f(U_B) + f'(U_B)u_1 + \frac{1}{2}f''(U_B)u_1^2 + \cdots \tag{2-78}$$

因为 u_1 振幅很小,所以式(2-78)可以近似表示为

$$i_d \approx f(U_B) + f'(U_B)u_1 = f(U_Q + u_2) + f'(U_Q + u_2)u_1 \tag{2-79}$$

式中, $f(U_B)$ 和 $f'(U_B)$ 受大信号 u_2 的控制而随时间变化,故称为"时变系数",与输入信号 u_1 无关;而且, $f(U_B)$ 可以看成是当信号 $u_1 = 0$ 时的电流,故称为"时变工作点电流",用 $I_{d0}(t)$ 表示; $f'(U_B)$ 可以看成是当信号 $u_1 = 0$ 时增量电导,称为"时变电导"或"时变跨导",用 $g(t)$ 表示。于是,式(2-79)可以在形式上写成

$$i_d(t) = I_{d0}(t) + g(t) \cdot u_1(t) \tag{2-80}$$

那么非线性器件的输出电流 $i_d(t)$ 与输入电压 $u_1(t)$ 就具有线性关系,只不过系数时变(非定常),所以常将具有式(2-80)所描述的非线性元器件工作状态称为"线性时变工作状态",具有这种关系的电路称为"线性时变电路"。

　　当信号 u_2 是周期函数时, $I_{d0}(t)$ 和 $g(t)$ 就是受大信号 u_2 控制的非线性时间周期函数,可以利用傅里叶级数展开,得

$$I_{d0}(t) = I_{d0} + I_{dm1}\cos\omega_2 t + I_{dm2}\cos2\omega_2 t + \cdots \tag{2-81}$$

$$g(t) = G_0 + G_1\cos\omega_2 t + G_2\cos2\omega_2 t + \cdots \tag{2-82}$$

将式(2-81)、式(2-82)代入式(2-80),可得

$$\begin{aligned}i_d(t) = &I_{d0} + I_{dm1}\cos\omega_2 t + I_{dm2}\cos2\omega_2 t + \cdots + \\ &(G_0 + G_1\cos\omega_2 t + G_2\cos2\omega_2 t + \cdots) \cdot U_1\cos\omega_1 t\end{aligned} \tag{2-83}$$

从而可以看出输出电流 $i_d(t)$ 包含的频率分量有

$$q\omega_2,\ |q\omega_2 \pm \omega_1|,\quad q = 0,1,2,3,\cdots$$

因此,当电路在完成一定的功能时,同样需要采用线性选频网络(滤波器)选出所需的频率分量,同时将不需要的频率分量滤除掉。

　　与前面采用"幂级数展开"分析法得到的结果相比,采用"泰勒级数展开"分析法得到的线性时变电路输出的组合频率分量大大减少,从而在一定程度上简化了非线性电路的分析过程,可以更加直观地理解或把握高频非线性电路的功能和原理,有效提高电路分析和综合效率。需要特别说明的是,采用这种分析方法所得到分析结果中频率分量减少了,并不意味着真实电路输出信号中的频率分量就真的减少了,那些没有"显示"出来的频率分量依然存在,可能会对电路或系统产生干扰,因此在工程应用中需要特别注意对那些没有"显示"出来的频率分量的恰当处理。

3. 开关函数的傅里叶级数展开分析法

　　非线性元件受大信号 $u_0 = U_0\cos\omega_0 t$ 控制时,轮换地导通(饱和)和截止,相当于一个开关频率为 ω_0 的受控开关的作用。比如,在图2-33(a)所示的二极管电路中,小信号 $u_1 = U_1\cos\omega_1 t$ 的振幅远小于大信号振幅 $U_0(U_1 \ll U_0)$,且 U_0 大于二极管正向饱和导通电压,二极管工作在开关状态,其等效电路如图2-33(b)所示。

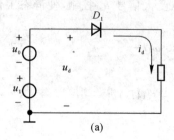 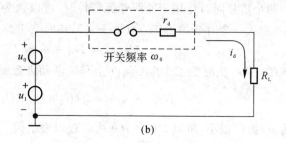

$$(a) \qquad\qquad\qquad (b)$$

图 2 – 33   工作在大信号控制下开关状态的二极管电路

(a) 原理电路； (b) 等效电路

二极管受 u_0 控制，那么流过负载 R_L 的电流可以表示为

$$i_d = \begin{cases} u_d/(r_d + R_L), & u_0 \geqslant 0 \\ 0, & u_0 < 0 \end{cases} \tag{2-84}$$

其中，$u_d = u_0 + u_1 = U_0\cos\omega_0 t + U_1\cos\omega_1 t$。定义开关函数

$$S(t) = \begin{cases} 1, & u_0 \geqslant 0 \\ 0, & u_0 < 0 \end{cases} \tag{2-85}$$

那么式(2-84)可以改写为

$$i_d = S(t)u_d/(r_d + R_L) = g_d S(t)u_d = g(t)u_d \tag{2-86}$$

式中，$g_d = 1/(r_d + R_L)$ 为回路电导；$g(t) = g_d S(t)$ 为时变电导。

开关函数 $S(t)$ 是一个角频率为 ω_0 的单极矩形波周期函数(见图 2-34)，其傅里叶展开式为 $S(t) = 1/2 + 2\cos\omega_0 t/\pi - 2\cos3\omega_0 t/3\pi + \cdots$，代入式(2-86) 得

$$i_d(t) = g_d\left(\frac{1}{2} + \frac{2}{\pi}\cos\omega_0 t - \frac{2}{3\pi}\cos3\omega_0 t + \cdots\right)(U_0\cos\omega_0 t + U_1\cos\omega_1 t) =$$

$$\frac{g_d U_0}{\pi} + \frac{g_d U_1}{2}\cos\omega_1 t + \frac{g_d U_0}{2}\cos\omega_0 t + \frac{2g_d U_0}{3\pi}\cos2\omega_0 t - \frac{2g_d U_0}{15\pi}\cos4\omega_0 t + \cdots +$$

$$\frac{g_d U_1}{\pi}\left[\cos(\omega_0 \pm \omega_1)t\right] - \frac{g_d U_1}{3\pi}\left[\cos(3\omega_0 \pm \omega_1)t\right] + \frac{g_d U_1}{5\pi}\left[\cos(5\omega_0 \pm \omega_1)t\right] + \cdots$$

可以看出，电流 $i_d(t)$ 中含有的频率分量包括：输入信号的频率 ω_0，ω_1；直流分量 $g_d U_0/\pi$；大信号基频 ω_0 的偶次谐波分量 $2n\omega_0$；小信号基频 ω_1 与大信号基频 ω_0 奇次谐波的组合频率分量 $(2n-1)\omega_0 \pm \omega_1$(其中 $n = 1,2,3,\cdots$)。

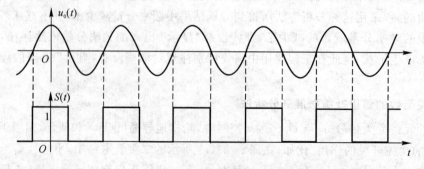

图 2 – 34   开关函数的波形

综上所述,高频电路中非线性元器件的工作状态需要根据激励信号电压的幅度大小不同而采用不同的函数及相应的级数展开式来近似描述。常用的函数有指数函数、线性时变函数和开关函数,对应的级数展开式为幂级数、泰勒级数和傅里叶级数。要特别注意,非线性器件变频作用所输出信号中所含频率分量的多少与电路工作状态密切相关,不同分析方法显示的频率分量并不是实际分量的全部。

2.4 电 噪 声

高频电路、设备和系统设计时需要解决的关键问题之一就是设法减小各种电噪声对电路(设备、系统)性能的不良影响。在高频电路中所有导体和电子元器件都存在电噪声,它们会对有用信号的接收产生干扰,特别当有用信号比较微弱时,噪声可能会使有用信号"淹没"在电噪声之中而无法接收。噪声的种类很多,从器件外部(工作环境)中进入电路内部的电噪声称为"外部噪声",由导体和电子元器件内部产生的电噪声称为"内部噪声"。下面,重点讨论元器件内部热噪声和表征器件和电路噪声性能的指标参数。

2.4.1 元器件内部热噪声

元器件内部热噪声是由导体内部自由电子的热运动而产生的,电阻元件、元器件引线、电路中的导线和导体、半导体内各区的体电阻等,都会产生热噪声,它们内部的自由电子在运动中相互碰撞,电子运动速度的大小和方向都很随机,而且温度越高,运动越剧烈、随机性越强;只有当温度下降到绝对零度时,自由电子的热运动才会停止。

自由电子热运动会在导体内形成非常微弱的杂乱起伏电流,常称为"起伏噪声电流",流过电阻时就会产生"起伏噪声电压"。常用起伏噪声电压的均方值来衡量热噪声的强弱,在实验中可以用功率计测量出来。理论和实验证明,当温度为 T(单位:K)时,电阻值为 R 的导体所产生的噪声电流功率频谱密度和电压功率频谱密度分别为

$$S_I(f) = 4kT/R, \qquad S_U(f) = 4kTR \qquad (2-87)$$

式中 k——玻耳兹曼常数(1.38×10^{-23})。

在频带宽度 $B(\text{Hz})$ 内产生的热噪声均方电流和均方电压值分别为

$$I_n^2 = S_I(f)B = 4kTB/R, \qquad U_n^2 = S_U(f)B = 4kTRB \qquad (2-88)$$

当实际电路中包括多个电阻时,每一个电阻都将引入一个噪声源。对于线性网络的噪声,适用均方叠加法则。多个电阻串联时,总噪声均方电压等于各个电阻所产生的噪声电压均方值的相加;多个电阻并联时,总噪声均方电流等于各个电导所产生的噪声电流均方值的相加。因为任何两个热噪声(电压/电流)都可以认为是独立的,只能按功率(或均方电压、均方电流)相加。总的噪声输出功率是每个噪声源单独作用在输出端所产生的噪声功率之和。

2.4.2 信噪比与噪声系数

能够完成具体功能的高频电子线路都由许多不同的高频电路环节构成,从"输入/输出"

的角度每个电路环节(或线性二端口网络)都可以看作是一个具有某一功能的、广义的"放大器"。"信噪比"通常是指在放大器同一端口处的信号功率(P_s)与噪声功率(P_n)之比,常用符号"SNR"或"S/N"来表示,即

$$SNR = P_s/P_n \qquad\qquad (2-89)$$

若用分贝(dB)数来表示,则有

$$SNR = 10\lg(P_s/P_n) \qquad (dB) \qquad\qquad (2-90)$$

在高频电路中,放大器除了要满足增益、通频带和选择性等要求之外,还应对其内部噪声进行限制,即对输出端提出"SNR"要求。如果放大器内部不产生噪声,当输入信号 $s(t)$ 与噪声 $n(t)$ 通过它时,二者被一起放大,则放大器的输入和输出信噪比相等〔$(SNR)_o = (SNR)_i$〕;但是,实际放大器在工作中必然会有内部噪声,所以输出信噪比总是小于输入信噪比〔$(SNR)_o <$ $(SNR)_i$〕。为了评价电路噪声性能的好坏,常用输入信噪比与输出信噪比之间的比值(用 dB 数即为差值)N_F〔即"噪声系数"(NF,Noise Figure)〕来衡量,即

$$N_F = \frac{(SNR)_i}{(SNR)_o} = \frac{P_{si}/P_{ni}}{P_{so}/P_{no}} \qquad 或 \qquad N_F = 10\lg\left(\frac{P_{si}/P_{ni}}{P_{so}/P_{no}}\right) \quad (dB) \qquad (2-91)$$

式中　　P_{si},P_{so}——输入、输出端的信号功率;

　　　　P_{ni},P_{no}——输入、输出端的噪声功率。

由式(2-91)可知:N_F 总是大于 1 dB(或 0 dB);其值越接近于 1 dB(或 0 dB),则表示电路内部的噪声性能越好,比如高性能低噪声放大器(LNA)的噪声系数通常都小于 3 dB。特别注意,N_F 通常只适用于线性放大器,非线性电路会对信号和噪声进行频率变换,指标参数 N_F 通常不能反映非线性电路附加的噪声性能。将线性放大器的功率增益 $G_P = P_{so}/P_{si}$ 代入式(2-91)可得

$$N_F = \frac{P_{si}}{P_{so}}\frac{P_{no}}{P_{ni}} = \frac{P_{no}}{G_P P_{ni}} \qquad 或 \qquad N_F = 10\lg\left(\frac{P_{no}}{G_P P_{ni}}\right) \quad (dB) \qquad (2-92)$$

因为 $P_{no} > G_p P_{ni}$,所以噪声系数 N_F 总是大于 1 dB(或 0 dB),其中($G_P P_{ni}$)是输入噪声功率被放大后在输出端的噪声功率。放大器输出端的总噪声功率 P_{no} 为内部噪声在输出端的噪声功率(P_{nao})与($G_P P_{ni}$)之和,即

$$P_{no} = P_{nao} + G_p P_{ni} \qquad\qquad (2-93)$$

显然只有在 $P_{nao} = 0$ 的理想情况下,N_F 才可能等于 1 dB(或 0 dB)。

将式(2-93)代入式(2-92),还可以得到 N_F 与 P_{nao},P_{ni} 之间的关系:

$$N_F = \frac{P_{nao} + G_P P_{ni}}{G_P P_{ni}} = 1 + \frac{P_{nao}}{G_P P_{ni}} \qquad\qquad (2-94)$$

要特别注意,其中 $P_{ni} = kTB$ 是指放大器等效输入信号源内阻产生的热噪声功率(只与温度 T 和通频带 B 有关),放大器内部噪声在负载上的输出噪声功率 P_{nao} 也仅与此热噪声功率($P_{ni} = kTB$)有关,而与其他输入噪声功率无关。

2.4.3　多级放大器的噪声系数

先考虑如图2-35所示的两级放大器噪声系数等效电路模型,两级放大器之间完全匹配且通频带(B)相同,各级噪声系数、功率增益分别为 N_{F1},G_{P1} 和 N_{F2},G_{P2}。由式(2-94)可知两放

大器内部噪声输出功率 P_{nao1}，P_{nao2} 分别为

$$P_{nao1} = (N_{F1} - 1)G_{P1}kTB, \qquad P_{nao2} = (N_{F2} - 1)G_{P2}kTB$$

那么它们之间的关系可以表示为

$$P_{nao2} = \frac{(N_{F2} - 1)G_{P2}}{(N_{F1} - 1)G_{P1}}P_{nao1} \quad 或 \quad P_{nao1} = \frac{(N_{F1} - 1)G_{P1}}{(N_{F2} - 1)G_{P2}}P_{nao2} \qquad (2-95)$$

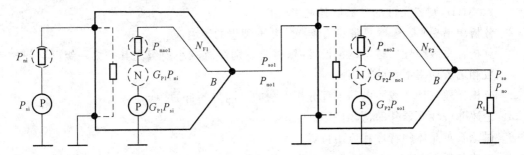

图 2-35　两级放大器噪声系数等效原理

由图 2-35 可以看出，第一级放大器的总噪声输出功率 P_{no1} 为

$$P_{no1} = P_{ni}G_{P1} + P_{nao1} \qquad (2-96)$$

利用式(2-93)，可以将两级放大器系统的总输出噪声功率 P_{no} 表示为

$$P_{no} = P_{no1}G_{P2} + P_{nao2} = P_{ni}G_{P1}G_{P2} + P_{nao1}G_{P2} + P_{nao2} \qquad (2-97)$$

将式(2-95)代入式(2-97)，可得

$$P_{no} = P_{ni}G_{P1}G_{P2} + P_{nao1}G_{P2} + \frac{(N_{F2} - 1)G_{P2}}{(N_{F1} - 1)G_{P1}}P_{nao1} =$$

$$P_{ni}G_{P1}G_{P2} + \frac{(N_{F2} - 1)G_{P2} + (N_{F1} - 1)G_{P1}G_{P2}}{(N_{F1} - 1)G_{P1}}[(N_{F1} - 1)G_{P1}P_{ni}] = \qquad (2-98)$$

$$P_{ni}G_{P1}G_{P2} + (N_{F2} - 1)G_{P2}P_{ni} + (N_{F1} - 1)G_{P1}G_{P2}P_{ni}$$

由式(2-92)可得两级放大器系统的总噪声系数 N_F 为

$$N_F = \frac{P_{no}}{P_{ni}G_{P1}G_{P2}} = 1 + \frac{N_{F2} - 1}{G_{P1}} + (N_{F1} - 1) = N_{F1} + \frac{N_{F2} - 1}{G_{P1}} \qquad (2-99)$$

对于 N 级放大器系统，可将其前 $(N-1)$ 级看成是第一级、第 N 级看成是第二级，那么利用式(2-99)可以得到 N 级放大器系统的总噪声系数为

$$N_F = N_{F(N-1)} + \frac{N_{FN} - 1}{G_{P1}G_{P2}\cdots G_{P(N-1)}} = N_{F(N-2)} + \frac{N_{F(N-1)} - 1}{G_{P1}\cdots G_{P(N-2)}} + \frac{N_{FN} - 1}{G_{P1}\cdots G_{P(N-1)}} = \qquad (2-100)$$

$$N_{F1} + \frac{N_{F2} - 1}{G_{P1}} + \frac{N_{F3} - 1}{G_{P1}G_{P2}} + \frac{N_{F4} - 1}{G_{P1}G_{P2}G_{P3}} + \cdots + \frac{N_{FN} - 1}{G_{P1}G_{P2}\cdots G_{P(N-1)}}$$

由式(2-100)可以看出，由于通常各级放大器的功率增益 $G_{Pn} > 1(n = 1, 2, \cdots, N)$，那么在多级放大器(电路环节)中，前级噪声系数 $N_{Fk}(k \geqslant 1)$ 对系统总噪声系数 N_F 的影响总是比后级噪声系数 $N_{F(k+1)}$ 的影响要大，而且总噪声系数 N_F 还与各级的功率增益 G_{Pn} 有关。所以，为了减小多级放大器总噪声系数 N_F，必须降低前级尤其是第一级放大器的噪声系数 N_{F1}，并增大前级尤其是第一级放大器的功率增益 G_{P1}。

思 考 题

2-1 设计一个选频网络,使 50 Ω 的负载与 20 Ω 的信号源电阻匹配。如果工作频率为 20 MHz,则各元件的参数值各是多少?

2-2 分析单谐振 LC 选频网络的选频特性并不理想的原因。

2-3 分析在多级线性二端口网络设计时,需要特别注意减小前级尤其是第一级网络噪声系数和增大功率增益的原因。

2-4 分析比较三种非线性电路工程分析方法的异同和各自的特点。

2-5 论述非线性元器件的选频作用。

2-6 讨论石英晶体的特性和应用特点。

2-7 对比分析 LC 串联和并联谐振回路的对偶关系。

第3章　高频谐振放大器

高频放大器与低频(音频)放大器的工作频率范围、所需通过的频带宽度、采用的负载都不相同。低频放大器的工作频率低,但整个工作频带宽度很宽(比如 20~20 000 Hz,高低频率极限相差达 1 000 倍,所以它们都采用无调谐负载(比如电阻、有铁芯的变压器等)。高频放大器的中心频率一般在几百千赫至几百兆赫,但所需通过的频率范围(频带)和中心频率相比却很小,或者只工作于某一频率,因此一般都采用选频网络组成高频谐振放大器(Resonant Amplifier)。所谓谐振放大器,就是采用谐振回路(串、并联及耦合回路)作为负载的放大器,不仅有放大作用,同时也起着滤波或选频的作用。高频谐振放大器又可以分为调谐放大器(通称高频放大器)和频带放大器(通称中频放大器),前者调谐回路需对外来不同的信号频率进行调谐,后者调谐回路的谐振频率一般固定不变。根据高频信号的大小或者放大器是否线性,有"高频小信号放大器"和"高频功率放大器"之分,它们不仅与低频放大器相比有许多特殊的地方,而且两者之间也有很多的不同,本章则重点讨论这两种放大器的电路组成和基本分析方法。

3.1　高频小信号谐振放大器

高频小信号谐振放大器常处于接收机前端,这里"高频""小信号""谐振(或调谐)"分别是指:放大器的中心频率在几百千赫到几百兆赫,信号频带的宽度在几千赫兹到几十兆赫兹的范围,信号的电压振幅在微伏级或毫伏级,放大器采用谐振电路作为负载。在接收设备中,从天线感应的信号非常微弱,若要将所传输的信号恢复出来,就需要进行小信号放大,同时信号中还有很多无用的成分需要滤除,放大器负载要采用谐振电路,其目的就是选出有用的信号和滤除无用的信号。所以,高频小信号调谐放大器的任务是放大、选频(和滤波)。对于高频小信号谐振放大器来说,由于输入信号电平较低,可以认为放大器工作在晶体管的线性范围,允许把晶体管(场效应管)看成线性元件,放大器常工作于甲类、甲乙类或乙类,从而可作为有源线性四端网络(即前述等效电路)来分析(见图 2-10)。

3.1.1　高频小信号放大器的技术指标

为了分析高频小信号放大器,首先应当了解实际运用时对它的要求如何,也就是应当了解一下它的主要质量指标或技术指标要求。

1. 增益(Gain)

放大器输出电压 u_o(或功率 P_o)与输入电压 u_i(或功率 P_i)之比,称为放大器的增益或放大倍数,常用符号 A_u(电压增益)或 G_p(功率增益)表示,或用分贝(dB)数计算。放大器增益的大小,取决于电路所用的晶体管性能、要求的通频带宽度、电路的匹配性和稳定性等多方面的因素.在多级放大器电路设计中,总是设法使每级放大器在中心频率(谐振频率)处及通频带宽内的增益足够大,从而使满足总增益时的级数尽量小。

2. 通频带(Pass Band)

高频放大器放大的信号一般都是已调信号,它们具有一定的频谱宽度(带宽),放大器必须在整个信号必要的带宽内都具有平坦的幅频特性和线性相频特性曲线.比如,普通调幅无线电广播信号的带宽为 9 kHz,电视信号的带宽为 6.5 MHz 等.如果放大器的通频带不足,那么信号带宽边缘的频率分量就不能得到应有的放大,从而引起信号放大的频率失真。

放大器通频带定义如图 3-1 所示,它表示放大器电压增益 A_u 下降到最大值 A_{um} 的 $\sqrt{2}/2$(约 0.7)倍时所对应的频率范围,常用 $2\Delta f_{0.7}$ 表示,有时也称之为"3 dB带宽"($20\lg\sqrt{2}/2\approx-3dB$).为了测量方便,还可定义为放大器电压增益下降到最大值的1/2时所对应的频率范围,用 $2\Delta f_{0.5}$ 表示,也称之为"6 dB带宽".根据用途不同,放大器的通频带差异较大.例如,收音机的中频放大器通频带为 $6\sim8$ kHz,电视接收机中频放大器通频带约为 6 MHz。

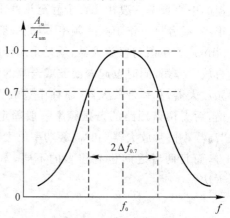

图 3-1 放大器的通频带

放大器的通频带取决于负载回路形式以及回路有载品质因数 Q_L,而且总通频带随着放大器的级数增加而变窄.从设计角度来讲,通频带要求越宽,放大器的增益就越小,两者是互相矛盾的;通频带比较窄的放大器(如调幅接收机放大器)这两者之间的矛盾不是很突出,而在通频带比较宽的放大器(如电视和雷达接收机放大器)中,频带和增益的矛盾就比较明显,这时必须在牺牲单级增益的情况下确保所需的频带宽度;至于总增益,则可用增加放大器级数的办法来满足。

3. 选择性(Selectivity)

放大器从含有很多不同频率分量的复杂(有用的与不需要的)信号中选出有用信号、排除不需要的(有害或干扰)信号的能力,称为放大器的选择性.评价放大器选择性的基本指标主要有两个:矩形系数(Rectangular Coefficient)和抑制比(Suppression Ratio)或称抗拒比,用以说明对某些特定频率(如中频、镜频等)选择性的好坏。

(1)矩形系数.矩形系数常用来说明邻近波道选择性的优劣.理想情况下,放大器应对通频带内信号的各频谱分量予以同样的放大,而对通频带以外的邻近波道的不需要的(干扰)频率分量完全抑制(不予放大).因此,理想放大器频率响应曲线应为矩形,但实际曲线的形状则与矩形有较大的差异.为了评定实际曲线与理想矩形的接近程度,通常用式(2-28)定义的矩形系数来表征.一般谐振放大器的矩形系数在 $2\sim5$ 内。

(2)抑制比.设放大器在谐振点 f_0 的放大倍数最大为 A_{um},有一干扰信号的频率为 f_n,且放大器对此干扰信号的放大倍为 A_{un},那么用 $d=A_{um}/A_{un}$ 来表示放大器对干扰的抑制能力,或称为对干扰的抑制比(或抗拒比).在实际应用中,用分贝(dB)数表示更为方便,比如:当 $A_{um}=100,A_{un}=1$,则 $d=100/1=100$,或用分贝(dB)数表示为 $d(dB)=20\lg100-20\lg1=$

$40 - 0 = 40 (\text{dB})$。

4. 稳定性(Stability)

放大器工作稳定性是指其工作状态(直流偏置)、晶体管参数和电路元件参数等发生可能的变化时放大器的主要特性的稳定程度。常见的不稳定现象有增益变化、中心频率偏移、通频带变窄和谐振曲线变形等,极端不稳定现象主要是自激,会导致放大器完全不能正常工作。特别是在多级放大器中,如果级数多、增益高,则很可能产生自激。

为了使放大器稳定工作,必须采取限制每级增益、选择内部反馈小的晶体管、加中和电路或稳定电阻、级间失匹配等稳定措施。此外,在工艺结构方面,如元器件布局、屏蔽和接地等方面也需要精心处理,确保放大器不会自激或在绝大数情况下不会自激。

5. 噪声系数(Noise Figure)

在任何电路中,噪声总是无处不在,在绝大多数情况下有害无益,因而应力求使放大器的内部噪声越小越好,即要求噪声系数(N_F)尽可能地接近于1。为了使放大器的内部噪声小,可以采取选用低噪声放大管、正确选择工作点和选用合适的线路等技术措施。

6. 放大器质量指标的权衡

放大器的上述质量指标之间既相互联系,又互有矛盾或制约,应根据设计要求来选择指标的主次。例如,接收机的整机灵敏度、选择性和通频带等主要取决于中放级,而噪声则主要决定于系统前级(比如高放级或混频级),因此在设计中放级放大器时,应在满足频带要求与保证工作稳定的前提下,尽量提高增益。而在设计高放级放大器时,重点应放在尽量减小本级内部噪声上,增益则是次要矛盾。

3.1.2 晶体管高频小信号谐振放大器

高频小信号谐振放大器可以作为线性有源网络来分析。下面先讨论有源部分(晶体管)的等效电路,然后再与选频网络组合,采用基于晶体管 Y 参数模型的线性网络理论来分析晶体管高频小信号谐振放大器。

1. 电路结构

典型的共发射极高频小信号谐振放大器的实用电路如图 3-2(a) 所示,其中 LC 单谐振回路构成集电极负载,它调谐于放大器的中心频率;LC 谐振回路与本级集电极电路的连接采用自耦变压器(Auto - transformer)的抽头电路,与后级负载 Y_L 采用变压器耦合连接,这种自耦变压器–变压器耦合形式可以减弱本级输出导纳与后级晶体管输入导纳(负载 Y_L)对 LC 回路的影响,同时通过适当选择初级线圈抽头位置与初次级线圈的匝数比,还可以使负载导纳与晶体管的输出导纳相匹配,从而获得最大的功率增益。

(1) 高频交流通路。共发射极高频小信号谐振放大器的高频交流通路如图 3-2(b) 所示,其中晶体管是放大器的核心,起着电流控制与放大的作用。LC 并联谐振回路、输出变压器 T_2 及负载导纳 Y_L 构成输出回路。为了减小输出阻抗与负载对回路品质因数的影响,负载与谐振回路之间采用变压器耦合,其接入系数 p_o 为

$$p_o = u_{54}/u_{31} = u_o/u_{31} = N_{54}/N_{31} \tag{3-1}$$

式中　u_{54}——输出变压器 T_2 次级绕组电压；

　　　u_{31}——输出变压器 T_2 初级绕组电压；

　　　N_{31}——输出变压器 T_2 初级绕组线圈匝数；

　　　N_{54}——输出变压器 T_2 次级绕组线圈匝数。

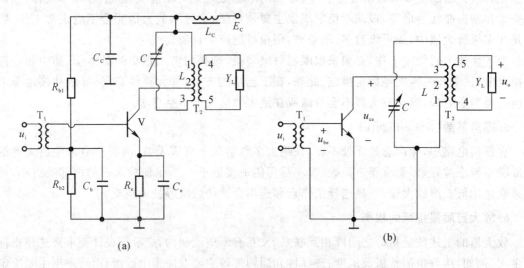

图 3 - 2　典型的共发射极高频小信号谐振放大器

（a）实用电路；　（b）交流通路

　　晶体管集-射回路与 LC 谐振回路之间采用抽头接入方式，接入系数 p_c 为

$$p_c = u_{21}/u_{31} = u_{ce}/u_{31} = N_{21}/N_{31} \tag{3-2}$$

式中　u_{21}——输出变压器 T_2 初级绕组 2-1 抽头电压；

　　　u_{31}——输出变压器 T_2 初级绕组电压；

　　　N_{21}——输出变压器 T_2 初级绕组 2-1 抽头线圈匝数。

　　（2）晶体管 Y 参数模型微变等效电路。采用图 2-9 所示的晶体管 Y 参数等效模型代替图 3-2(b) 中的晶体管，则可以得到谐振放大器的高频 Y 参数微变等效电路（见图 3-3），其中输入导纳、输出导纳、负载导纳可以分别表示为

$$y_{ie} = g_{ie} + j\omega C_{ie}, \qquad y_{oe} = g_{oe} + j\omega C_{oe}, \qquad Y_L = g_L + j\omega C_L \tag{3-3}$$

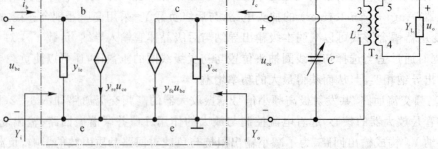

图 3 - 3　谐振放大器高频 Y 参数微变等效电路

2. 放大器性能参数分析

（1）放大器输入导纳 Y_i。考虑有负载 Y_L 时输入端口电流 i_b 与电压 u_{be} 之比即为输入导纳 $Y_i = i_b/u_{be}$。设 Y_{21L} 是回路 2-1 端之间右边电路的总导纳，那么有

$$i_c = -Y_{21L}u_{ce} = y_{fe}u_{be} + u_{ce}y_{oe} \qquad (3-4)$$

设回路 3-1 端之间所接电路的总导纳为 Y_{31}，那么有

$$Y_{31} = g_p + j\omega C + \frac{1}{j\omega L} + p_o^2 Y_L \qquad (3-5)$$

式中　　g_p—— LC 并联谐振回路的固有谐振电导，主要是电感线圈的损耗，故也称 LC 谐振回路的"自损电导"；

　　　　$p_o^2 Y_L$—— 把负载导纳 Y_L 经变压器 T_2 折合到 3-1 端之间的等效导纳。

把回路 3-1 端之间所接电路的总导纳 Y_{31} 折合到回路 2-1 端得到从 2-1 端之间的等效负载导纳 Y_{21L}，那么有

$$Y_{21L} = \frac{Y_{31}}{p_c^2} = \frac{1}{p_c^2}\left(g_p + j\omega C + \frac{1}{j\omega L} + p_o^2 Y_L\right) \qquad (3-6)$$

将式（3-6）代入式（3-4），经整理可得

$$u_{ce} = -\frac{y_{fe}}{Y_{21L} + y_{oe}}u_{be} = -\frac{p_c^2 y_{fe}}{g_p + j\omega C + \frac{1}{j\omega L} + p_o^2 Y_L + p_c^2 y_{oe}}u_{be} \qquad (3-7)$$

于是，利用输入和输出回路的电流方程可以得到放大器输入导纳 Y_i 为

$$Y_i = y_{ie} - \frac{y_{re}y_{fe}}{Y_{21L} + y_{oe}} = y_{ie} - \frac{p_c^2 y_{re}y_{fe}}{g_p + j\omega C + \frac{1}{j\omega L} + p_o^2 Y_L + p_c^2 y_{oe}} \approx y_{ie} \qquad (3-8)$$

式中，第一项 y_{ie} 为晶体管输出端短路时输入导纳；第二项是由反馈系数 y_{re} 引入的输入导纳，反映了晶体管结电容 $C_{b'e}$ 的反馈作用，其大小还与 2-1 端之间的等效负载导纳 Y_{21L} 有关。如果工作频率比较低，则可以忽略结电容 $C_{b'e}$ 的反馈作用，即认为 $y_{re} \approx 0$，所以放大器输入导纳约为 y_{ie}，这是电路分析中经常应用的一个工程结果。

（2）放大器输出导纳 Y_o。放大器的输出导纳 Y_o 是考虑信号内导纳 Y_s 且信号电流 $i_s = 0$ 时，晶体管输出端口电流 i_c 与电压 u_{ce} 的比值，即 $Y_o = i_c/u_{ce}|_{i_s=0}$。利用输出、输入回路电流方程，易得

$$Y_o = y_{oe} - \frac{y_{re}y_{fe}}{Y_s + y_{ie}} \approx y_{oe} \qquad (3-9)$$

类似地，在忽略电容 $C_{b'e}$ 的反馈作用（$y_{re} \approx 0$）的情况下，有 $Y_o \approx y_{oe}$。

（3）电压增益。放大器输出电压 $u_o = u_{54} = p_o u_{31}$，而 $u_{31} = u_{21}/p_c = u_{ce}/p_c$，故 $u_o = p_o u_{ce}/p_c$，或者变换写成 $u_{ce} = u_o(p_c/p_o)$。将其代入式（3-7），即得到

$$\frac{p_c}{p_o}u_o = -\frac{y_{fe}}{Y_{21L} + y_{oe}}u_{be}$$

所以可得放大器的电压增益 A_u 为

$$A_u = \frac{u_o}{u_{be}} = -\frac{p_o y_{fe}}{p_c(Y_{21L} + y_{oe})} \qquad (3-10)$$

当放大器工作在谐振频率（$\omega = \omega_0$）上，式（3-6）中的虚部变为零，2-1 端之间的等效负载导纳 Y_{21L} 变为电导 g_{21L}，且有 $g_{21L} = (g_p + p_o^2 g_L)/p_c^2$，用其替换式（3-10）中的 Y_{21L}，从而得到

谐振点上的电压增益为

$$A_{um} = - \frac{p_c p_o y_{fe}}{g_p + p_o^2 g_L + p_c^2 g_{oe}} = - \frac{p_c p_o y_{fe}}{g_\Sigma} \tag{3-11}$$

式中，$g_\Sigma = g_p + p_o^2 g_L + p_c^2 g_{oe}$。

为了获得最大的功率增益，应适当选取 p_o 和 p_c 的值，使负载导纳 Y_L 能与晶体管输出导纳 Y_o 要匹配。在忽略 LC 谐振回路损耗电导 g_p 的情况下，可以得到匹配条件下的电压增益为

$$(A_{um})_{max} = - y_{fe}/2\sqrt{g_L g_{oe}} \tag{3-12}$$

从式(3-11)或式(3-12)还可以看出，放大器在回路谐振时，输出电压与输入电压之间的相位差并不是刚好 $180°(\pi)$，其原因在于 y_{fe} 通常是一个复数。

(4) 功率增益 G_p。在非谐振点计算功率增益是很复杂的，一般来讲用处也不大，因此通常只关心谐振时的功率增益 $G_{p0} = P_o/P_i$，其中：P_i 为放大器输入功率，即 $P_i = u_{be}^2 g_{ie}$；P_o 输出端负载 g_L 上获得的功率，即 $P_o = u_{31}^2 p_o^2 g_L = u_{21}^2 p_o^2 g_L/p_c^2$。于是，可以得到

$$G_{p0} = \cdot \frac{p_c^2 p_o^2 |y_{ie}|^2 g_L}{(g_p + p_c^2 g_{oe} + p_o^2 g_L)^2 g_{ie}} = (A_{um})^2 \frac{g_L}{g_{ie}} \tag{3-13}$$

下面讨论当输出回路传输匹配条件下的最大功率增益。

当不考虑 LC 回路的损耗电导 g_p 时，输出回路传输匹配条件为 $p_c^2 g_{oe} = p_o^2 g_L$，此时最大功率增益为

$$(G_{p0})_{max} = |y_{ie}|^2/4 g_{ie} g_{oe} \tag{3-14}$$

这是放大器在达到共轭匹配时的功率放大能力的极限，实际电路一般并不这样做，因为放大倍数太大，放大器的稳定性变差，电路调节也比较麻烦。计入 LC 回路的损耗电导 g_p 时，匹配条件下的最大功率增益可以表示为

$$(G_{p0})'_{max} = \frac{|y_{ie}|^2}{4 g_{ie} g_{oe}} \left(1 - \frac{Q_L}{Q_0}\right)^2 = \left(1 - \frac{Q_L}{Q_0}\right)^2 (G_{p0})_{max} \tag{3-15}$$

式中　　Q_0 —— 回路空载品质因数（$= 1/\omega_0 L g_p$）；

　　　　Q_L —— 回路有载品质因数（$= 1/\omega_0 L g_\Sigma$），$(1 - Q_L/Q_0)^2$ 为回路插入损耗。

值得指出的是，从功率传输的观点来看，希望放大器满足匹配条件以获得最大功率增益；但是，从降低噪声的观点来看，当噪声系数最小时，电路并不能满足最大功率增益条件。可以证明：采用共发射极电路时，最大功率增益与最小噪声系数可近似地同时获得满足；而在工作频率较高时，采用共基极电路可以同时获得最小噪声系数与最大功率增益。因此，在频率比较高时宜采用共基极放大电路。

(5) 通频带与选择性。利用上面的结果，可以得到放大器的相对电压增益，即

$$\frac{A_u}{A_{um}} = \frac{1}{\sqrt{1 + (2Q_L \Delta f/f_0)^2}} \tag{3-16}$$

式中，$\Delta f(= f - f_0)$ 是工作频率 f 对谐振频率 f_0 的失谐；f_0 是考虑总电容时放大器的谐振频率。由式(3-16)不难得到放大器通频带为

$$2\Delta f_{0.7} = f_0/Q_L \tag{3-17}$$

由此可见，有载品质因数越高，放大器通频带越窄。

比如，调幅广播接收机中频 $f_0 = 465\ kHz$，$2\Delta f_{0.7} = 8\ kHz$，那么要求中频放大器回路的有载品质因数 $Q_L = f_0/2\Delta f_{0.7} = 57$；若某雷达接收机中频放大器 $f_0 = 30\ MHz$，$2\Delta f_{0.7} =$

10 MHz，则所需中频回路的 $Q_L = f_0/2\Delta f_{0.7} = 3$。这时就需要在中频调谐回路上并联一定数值的电阻，以增大回路的损耗。

容易算出，LC 单调谐回路放大器的矩形系数约为

$$K_{0.1} = \frac{2\Delta f_{0.1}}{2\Delta f_{0.7}} = \sqrt{10^2 - 1} \approx 9.95 \gg 1$$

它的谐振曲线和矩形相差较远，所以其邻道选择性很差。这是 LC 单谐振回路放大器的一个很大的缺点。

若采用多级单谐振放大器级联，N 级级联后总通频带将缩小 $\sqrt{2^{1/N} - 1}$ 倍，也称为频率缩小系数。级联后放大器的矩形系数有所改善，但改善程度很有限，最小也只能达到 2.56，与理想的矩形仍有不小差距，所以多级级联单谐振放大器的做法并不是优先推荐方案，实际工程中多采用双调谐回路谐振放大器、参差调谐放大器等，相关知识请参阅有关文献。

3.1.3　谐振放大器的稳定性

晶体管的结电容 $C_{b'c}$ 起到反馈作用，通过 y_{re} 的内部反馈会引起放大器不稳定。当然，也还有其他外部的途径产生反馈影响，这些影响有输入、输出端之间的空间电磁耦合、公共电源耦合等。外部反馈的影响在理论上很难讨论，必须在去耦电路和工艺结构上采取措施。对于 y_{re} 内部影响，则往往采用"中和法"和"失配法"来提高放大器的稳定性。

1. 中和法

中和法就是通过在晶体管的输出端与输入端之间引入一个附加的外部反馈电路（也称"中和电路"），用来抵消晶体管内部参数 y_{re} 的反馈作用。因为 y_{re} 的实部往往很小，所以工程中常采用一个电容 C_N 来抵消 y_{re} 虚部的影响，实际上就是抵消晶体管结电容 $C_{b'c}$ 的影响，使通过外部电容 C_N 的反馈电流与通过 $C_{b'c}$ 的内部反馈电流相位差 180°，从而能够相互抵消。

2. 失配法

失配法是通过增大负载电导 Y_L 进而增大总回路电导的方法，使输出回路严重失配，输出电压相应减小，从而使输出端反馈至输入端的电流减小，对输入端的影响也就相应减小。显然，失配法是以牺牲放大器增益的方式来换取稳定性。一种常用失配法电路是用两只晶体管"共发-共基"连接成一个组合电路（见图 3-4）。

图 3-4　共发-共基组合失配法原理电路

共基电路的输入导纳较大，作为输出导纳较小的共发电路的负载，则相当于增大了共发电路的负载导纳使之失配，从而提高稳定性。共发电路负载导纳很大时，虽然电压增益会减小，但是电流增益仍然较大；共基电路的电流增益接近于 1，但是电压增益却较大。两者级联后，电压

增益、电流增益相互补偿,从而保证总电路的电压增益和电流增益都比较大,即功率增益很高;此外,共发-共基电路的上限频率也很高,适用很高的工作频率。

3.2　高频功率谐振放大器

当高频信号发射需要获得足够大的功率输出时,须采用高频功率放大器。对于功率放大器,除了输出功率中谐波分量应该尽量小、以免对其他频道产生干扰这一特殊要求之外,最主要的矛盾是如何提高放大电路的输出功率与效率。这一主要矛盾决定了放大电路(晶体管)必须工作在丙类状态。允许工作于丙类的先决条件则是工作频率高、频带窄、允许采用调谐回路作负载。此时,放大器中的晶体管(或场效应管)都是非线性元件,共工作状态的计算相当困难,通常只进行定性分析与估算,再依靠实验调整到预期的状态。

3.2.1　高频功率谐振放大器工作原理

功率放大的实质是通过晶体管等控制转换器件将直流电源提供的直流功率尽可能地转变为交流信号功率输送出去。这种转换当然不可能是 100% 的,因为直流电源提供的功率除了转换为交流输出功率的那一部分之外,还有一部分功率以热能的形式消耗在晶体管的集电极上,常称为集电极耗散功率。那么,为了提供功率转换效率,就必须设法降低晶体管集电极耗散功率或提高集电极效率(η_c)。

1. 丙类放大器原理分析

集电极效率 η_c 的定义为

$$\eta_c = \frac{P_o}{P_{DC}} = \frac{P_o}{P_o + P_c} \tag{3-18}$$

式中　P_o——输出交流信号功率;

　　　P_c——晶体管集电极耗散功率;

　　　P_{DC}——直流电源提供的直流总功率,显然有 $P_{DC} = P_o + P_c$。

(1) 丙类放大电路结构。由式(3-18)可知,一方面,设法降低集电极耗散功率 P_c,则集电极效率 η_c 自然会提高,当直流功率 P_{DC} 给定时,晶体管的交流输出功率 P_o 就会增大;另一方面,如果维持集电极耗散功率 P_c 不超过规定值(集电极耗散功率总是存在,不可能完全消除),那么提高集电极效率 η_c,将使放大器交流输出功率 P_o 大大增加。由式(3-18)可得 $P_o = P_c\eta_c/(1-\eta_c)$。如果 $\eta_c = 20\%$(甲类放大),则 $(P_o)_A = P_c/4$;如果 $\eta_c = 75\%$(丙类放大),则得到 $(P_o)_C = 3P_c$;显然 $(P_o)_C = 12(P_o)_A$。这一概念相当重要,即提高集电极效率 η_c 对输出功率影响极大,所以总是要尽力提高 η_c,让放大电路工作于丙类状态,也就是使晶体管尽可能长时间地处于截止状态。

在共发射极放大电路中,常采用提供基极反向偏压(U_{BB})的方式〔见图 3-5(a)〕,使功率放大器集电极电流导通角(θ_c)小于 90°。为了分析丙类放大电路的工作状态,将晶体管转移特性曲线理想化为一条折线〔见图 3-5(b)〕,折线与横轴的交点为晶体管开启电压 U_{BZ}(NPN 型硅管为 $0.4 \sim 0.6$ V,锗管为 $0.2 \sim 0.3$ V);折线的斜率即晶体管的跨导 $g_c = (\Delta i_c/\Delta u_{BE})|_{U_{ce}=const}$。

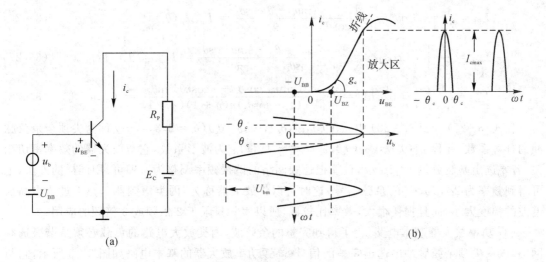

图 3 – 5　共发射极丙类功率放大器

(a) 丙类原理电路；　(b) 晶体管转换特性曲线

（2）晶体管集电极电流。设输入交流信号为

$$u_b(t) = U_{bm}\cos\omega t \tag{3-19}$$

那么加在晶体管基极-发射极（b-e）之间的控制电压为

$$u_{BE}(t) = u_b(t) - U_{BB} = -U_{BB} + U_{bm}\cos\omega t \tag{3-20}$$

由图 3-5(b) 可以看出：当 $u_{BE}(t) < U_{BZ}$，即输入信号 $u_b(t) < U_{BZ} + U_{BB}$ 时，晶体管截止，那么极电极电流 $i_c = 0$；当 $u_b(t) > U_{BZ} + U_{BB}$ 时，发射结导通，集电极电流可以表示为

$$i_c = g_c[u_{BE}(t) - U_{BZ}] = g_c(U_{bm}\cos\omega t - U_{BB} - U_{BZ}) \tag{3-21}$$

当 $|\omega t| \geqslant \theta_c$ 时 $i_c = 0$，从而可以得到集电极电流导通角 θ_c 为

$$\theta_c = \arccos[(U_{BB} + U_{BZ})/U_{bm}] \tag{3-22}$$

而且式（3-21）也可以改写为

$$i_c = g_c(U_{bm}\cos\omega t - U_{bm}\cos\theta_c) = g_c U_{bm}(\cos\omega t - \cos\theta_c) \tag{3-23}$$

同此可见，集电极电流 i_c 是一些尖顶余弦脉冲，而不是完整余弦波。由式（3-23）不难得到这些脉冲的最大幅值 $I_{cmax} = g_c U_{bm}(1 - \cos\theta_c)$。该式也可改写成

$$i_c = \frac{I_{cmax}}{1 - \cos\theta_c}(\cos\omega t - \cos\theta_c) \tag{3-24}$$

换言之，集电极尖顶余弦脉冲电流 i_c 由其最大幅值 I_{cmax} 和导通角 θ_c 决定。所以，丙类电路在输入信号为完整的余弦波（式（3-19））时，集电极电流 i_c 却是周期性的尖顶余弦脉冲，那么负载 R_P 两端的电压也就不是完整的余弦波，这显然不是功率放大所需要的结果。那么，为了在负载上得到完整的余弦信号，就需要采用谐振选频网络从尖顶余弦脉冲中选出所需要的余弦分量。

对尖顶余弦脉冲电流 i_c 进行傅里叶级分解，可以得到 i_c 的直流分量、基波分量和高次谐波分量，即

$$i_c = I_{c0} + I_{cm1}\cos\omega t + I_{cm2}\cos2\omega t + \cdots + I_{cmn}\cos n\omega t + \cdots \tag{3-25}$$

式中，$I_{c0}, I_{c1}, I_{cmn}(n > 1)$ 分别为直流、基波、各高次谐波分量的振幅，由傅里叶级数的系数求解方法可分别求得

$$I_{c0} = \frac{1}{2\pi}\int_{-\theta_c}^{\theta_c} i_c \mathrm{d}\theta = \frac{I_{cmax}}{1-\cos\theta_c}\frac{\sin\theta_c - \theta_c\cos\theta_c}{\pi} = I_{cmax}\alpha_0(\theta_c) \qquad (3-26)$$

$$I_{cm1} = \frac{1}{2\pi}\int_{-\theta_c}^{\theta_c} i_c\cos\omega t\,\mathrm{d}\theta = \frac{I_{cmax}}{1-\cos\theta_c}\frac{\theta_c - \sin\theta_c\cos\theta_c}{\pi} = I_{cmax}\alpha_1(\theta_c) \qquad (3-27)$$

$$I_{cmn} = \frac{1}{2\pi}\int_{-\theta_c}^{\theta_c} i_c\cos n\theta\,\mathrm{d}\theta = I_{cmax}\frac{2(\sin n\theta_c\cos\theta_c - n\cos n\theta_c\sin\theta_c)}{\pi(1-\cos\theta_c)n(n+1)(n-1)} = I_{cmax}\alpha_n(\theta_c) \qquad (3-28)$$

在式$(3-26)$～式$(3-28)$中，$\alpha_0(\theta_c),\alpha_1(\theta_c),\cdots,\alpha_n(\theta_c)(n=2,3,4,\cdots)$称为尖顶全余弦脉冲的分解系数，并称$g_1(\theta_c)=\alpha_1(\theta_c)/\alpha_0(\theta_c)=I_{cm1}/I_{c0}$为波形系数，它与放大器的效率密切相关。若要选出基波分量$I_{cm1}\cos\omega t$，只须把选频网络的谐振频率调整为ω即可。用同样的方法，也可得到频率为$2\omega,3\omega,\cdots$的余弦信号，这时可以将放大器称为"丙类倍频器"，只不过选出高次谐波的幅度太小，而且损耗很大，效率比较低，所以实际只限于2倍频或3倍频的应用。

（3）功率放大器基本电路。为了得到完整的余弦波，丙类放大电路的负载必须是谐振选频网络，以从尖顶余弦脉冲中选出完整的信号。高频功率放大器的基本电路如图3-6所示，它与高频小信号放大电路相比，主要区别在于：

1）放大管是高频大功率晶体管，为了减小集电极耗散功率，常采用平面工艺制造，集电极直接与散射片连接，能承受高电压和大电流；

2）输入回路通常为调谐回路，既能实现调谐选频，又能使信号源与放大管输入端匹配；

3）输出端的负载回路必须为选频网络，要求既能完成调谐选频功能，又能实现放大器输出端与负载的匹配；

4）放大器工作于丙类状态，采用负偏压电源(U_{BB})为晶体管发射结提供基极反向偏置电压$(-U_{BB})$。

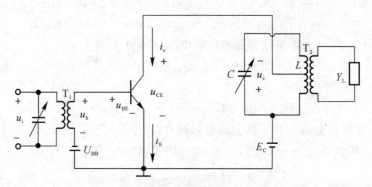

图3-6　高频功率（丙类）放大器基本电路

若图3-6所示的LC谐振回路调谐于基频ω，那么在各次谐波频率$n\omega(n>1)$上的谐振阻抗值$(Z_p)_{n\omega}$值相较于谐振于基频的阻抗值$(Z_p)_\omega = R_p$值，小到可以忽略的程度（仅为百分之几），可以认为LC谐振回路对于各高次谐波都是短路的。因此，虽然集电极电流i_c是尖顶余弦脉冲，但LC谐振回路两端的电压u_c以及由此电压所产生的回路电流仍然是完整的余弦波形（见图3-7）。这一概念在高频功率放大器的原理分析和电路设计中都十分重要。

高频功率放大器负载LC谐振回路的这种选频（滤波）作用也可以从能量的观点来解释。回路由储能元件电感L（储存磁能）和电容C（储存电能）组成，在集电极电流$i_c>0$期间回路储存能量，在集电极电流$i_c=0$期间回路释放能量，从而维持了回路中振荡电流的连续性。这一情况和机械系统中飞轮的作用很相似,在一个单冲程式的引擎里,能量的来源也是"脉冲"式的,但活塞的运动则近似于简谐运动,其原因就在于飞轮能够储存和释放能量。所以,高频功率放大器的负载 LC 谐振回路的滤波作用有时也叫"飞轮效应"。

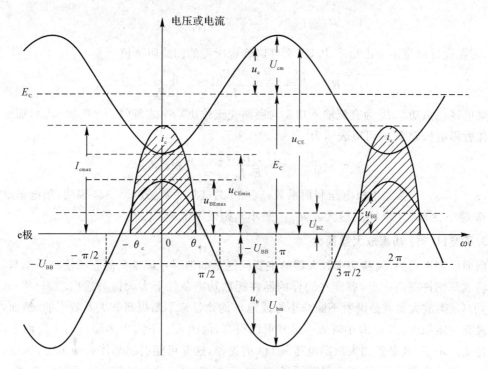

图 3 - 7　基极和集电极电压电流的波形和相位关系

由于回路对基频的阻抗呈纯电阻性,当集电极瞬时电流 i_c 最大时,回路两端的电压降 u_c 也达到最大值 U_{cm},因此集电极电压瞬时值 u_{CE} 达到最小值 $u_{CEmin} = E_C - U_{cm}$;i_c 最大时,也是瞬时基极电压 u_{BE} 达到最大值 $u_{BEmax} = U_{bm} - U_{BB}$ 的时刻。所以,集电极瞬时电压 u_{CE} 与基极瞬时电压 u_{BE} 的相位差正好为 $180°(\pi)$。从图 3 - 7 所示的晶体管基极和集电极电压 u_{BE},u_{CE} 和电流 i_c 波形和相位关系可知,集电极电流 i_c 只在 u_{CE} 很低的时间内通过,集电极耗散功率减小,集电极效率 η_c 自然提高;而且,u_{CEmin} 越低,放大器的效率就越高。

如果增大基极反向偏压(U_{BB}),同时保持电源电压 E_C 和输入信号幅值 U_{bm} 不变,那么 i_c 的导通角 θ_c 将减小,从而能够获得更高的效率;θ_c 越小,则效率越高。但是 θ_c 亦不能太小,因为 θ_c 太小时,电源 E_C 从集电极提供的直流功率下降太多,所以这时即使效率很高,但输出功率反而会有可能减小。因此,在丙类放大器的导通角选择上,输出功率与集电极效率之间可能存在矛盾;为了兼顾输出功率与效率,应适当选取集电极电流导通角 θ_c,在工程设计中一般取 $\theta_c = 70°$ 作为最佳导通角。

2. 高频功率放大器功率关系

设集电极回路谐振于激励信号频率,那么直流电源所提供的直流功率 P_{DC} 应为直流电源电压 E_C 与式(3 - 26)所表达的直流分量 I_{c0} 的乘积,即

$$P_{DC} = E_C I_{c0} \tag{3 - 29}$$

回路对基频谐振,阻抗呈纯电阻 R_p,对其他高次谐波的阻抗则很小且呈容性,因此只有基频电流(振幅 I_{cm1})与基频电压(振幅 $U_{cm1} = I_{cm1}R_p$)才能产生输出功率,此时回路可吸取的基频功率即为高频交流输出功率 P_o,即

$$P_o = \frac{1}{2}U_{cm1}I_{cm1} = \frac{1}{2}(E_C - u_{CEmin})I_{cm1} = \frac{U_{cm1}^2}{2R_p} \tag{3-30}$$

或者,若在设计时指定输出功率 P_o,那么可以确定所需的回路阻抗值

$$R_p = \frac{U_{cm1}}{I_{cm1}} = \frac{E_C - u_{CEmin}}{I_{cm1}} = \frac{U_{cm1}^2}{2P_o} \tag{3-31}$$

集电极耗散功率 P_c 为直流输入功率与回路交流输出功率之差($P_c = P_{DC} - P_o$),那么放大器晶体管集电极效率 η_c 可以表示为

$$\eta_c = \frac{P_o}{P_{DC}} = \frac{U_{cm1}I_{cm1}/2}{E_C I_{c0}} = \frac{1}{2}\xi g_1(\theta_c) \tag{3-32}$$

式中,$\xi = U_{cm1}/E_C$ 为集电极电压利用系数;$g_1(\theta_c)$ 为波形系数。式(3-32)说明,集电极电流导通角 θ_c 越小、ξ 越大(即 U_{cm1} 越大或 u_{CEmin} 越小),则效率 η_c 越高。

3. 丁类(D 类) 功率放大器简介

前面已多次提到,高频功率放大器的主要问题是如何尽可能地提高它的输出功率与效率。只要将效率稍许提高一点,就能在同样的器件耗散功率条件下大大提高输出功率。甲(A)、乙(B)、丙(C)类放大器就是沿着不断减小导通角 θ_c 的途径来不断提高放大器效率的。然而,减小 θ_c 总是有一定限度,当 θ_c 太小时效率虽然可以很高,但因 I_{cm1} 下降太多输出功率反而下降;要想维持 I_{cm1} 不变,就必须加大激励电压 $u_b(t)$ 的振幅,这又可能引起晶体管的击穿。所以,若要进一步提高功率和效率,就需要另辟蹊径。比如,丁类(D 类)放大器就是采用固定 θ_c 为 $90°$ 而尽量降低晶体管耗散功率的办法来提高放大器的效率。丁类放大器由两个晶体管组成,它们轮流导电来完成功率放大任务。控制晶体管工作于开关状态的激励电压波形可以是正弦波,也可以是方波,主要有两种类型的电路:电流开关型和电压开关型,它们的典型电路分别如图 3-8(a) 与(b) 所示。

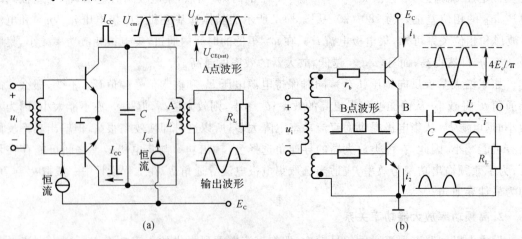

图 3-8 丁类(D 类) 晶体管功率放大器的原理电路
(a) 电流开关型; (b) 电压开关型

在电流开关型电路中(见图 3-8(a)),电流是方波,两管轮流导电,从截止立即转入饱和,或从饱和立即转入截止。实际上,电流转换是需要时间的 —— 频率低时,转换时间可以忽略不计,但是当工作频率高时,开关转换时间便不容忽视,因而其工作频率上限受到限制。从这一点来看,电压开关型电路要好一些。在电压开关型电路中(见图 3-8(b)),两管与电源电压 E_C 串联。当上面的晶体管导通(饱和)时,下面的晶体管截止,B 点的电压接近于 E_C;当上面的晶体管截止时,下面的晶体管饱和导通,B 点的电压接近于零。所以,B 点的电压波形是一个矩形波。

丁类(D 类)放大器的晶体管工作于开关状态:导通时,晶体管工作于饱和区,其内阻接近于零;截止时,集电极电流为零,其内阻接近于无穷大 —— 这样就使集电极功耗大为减小,效率大大提高;在理想情况下,丁类放大器效率可达 100%。与通常的丙类(C 类)放大器相比,丁类(D 类)放大器主要有两大优点:一是其两管互补(平衡)工作,输出中最低谐波为 3 次而不是 2 次,因此谐波输出较小;二是效率高(典型值超 90%,这是最主要的优点),尤其是晶体管饱和压降很小,因而特别适用于功率放大。

丁类(D 类)放大器的主要缺点是:在开关转换瞬间的器件功耗随开关频率的上升而加大,因此频率上限受到限制;从频率上限这方面来比较,电压开关型电路要比电流开关型好,因为它的电流是半波正弦而不是突变的方波;频率升高后,丁类放大器的效率下降,就失去了相对于丙类放大的优点,而且在开关转换瞬间,晶体管可能同时导电或同时断开,就可能由于二次击穿作用使晶体管损坏。为了克服这些缺点,可在电路上加以改进,比如采用戊类(E 类)放大器。限于篇幅,这里就不再讨论戊类(E 类)放大器了。

3.2.2　功率放大器折线近似分析

高频功率放大器工作在非线性状态,难以用解析法对其进行分析。下面采用相对比较简单实用的折线近似分析法来研究高频功率放大器的动态特性、负载特性和调谐特性等。所谓折线近似分析法,就是要将器件的特性曲线理想化,每一条特性曲线用一条或几条直线(组成折线)来代替,这样就可以用简单的数学解析式来代表电子器件的特性曲线,因而实际上只要知道解析式中的电子器件参数,就能进行计算,并不需要整套的特性曲线。这种计算比较简单,而且易于进行概括性的理论分析。它的缺点是准确度较低,不过对于晶体管功率放大电路来说,用该方法来进行工程上的定性估算已经足够了。

1. 动态特性

高频功率放大器的工作状态取决于负载阻抗 R_P 和电压 E_C,U_{BB},U_{bm} 等 4 个参数。为了说明各种工作状态的优、缺点以及正确地调节放大器,就必须了解其工作状态随这几个参数而变化的情况。如果维持三个电压参数不变,那么工作状态就取决于 R_P,此时各种电流、输出电压、功率与效率等随 R_P 而变化的曲线就叫负载特性(曲线)(Load Characteristic)。

在讨论负载特性之前,需要了解一下高频功率放大器的动态特性(Dynamic Characteristic),即相对于静态特性(Static Characteristic)而言,在考虑了负载的反作用后所获得的 u_{CE},u_{BE} 与 i_c 的关系曲线,最常用的是当 u_{CE},u_{BE} 同时变化时,表示 i_c-u_{CE} 关系的动态特性曲线〔有时也叫负载线(Load Line)或工作路径(Operating Path)〕。晶体管特性曲线实际上不是直线,因此实际的动态特性曲线或负载线也不是直线。当晶体管静态特性曲线理想化为折线而且放大器工作于负载回路谐振状态（即负载为纯电阻性）时,动态特性曲线也可以近似用折线（见图3-9）来表示。

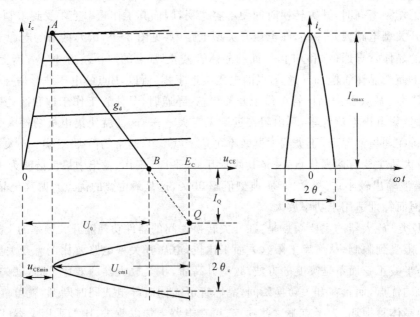

图 3 - 9　高频功率放大器(i_c - u_{CE}）动态特性曲线

由式（3-20）和式（3-21）可得

$$i_c = -g_c \frac{U_{bm}}{U_{cm1}} \left(u_{CE} - \frac{U_{bm}E_C - U_{BE}U_{cm1} - U_{BB}U_{cm1}}{U_{bm}} \right) = g_d(u_{CE} - U_0) \qquad (3-33)$$

即 i_c - u_{CE} 的关系可以表示为斜率为 $g_d = -g_c U_{bm}/U_{cm1}$,截距为

$$U_0 = \frac{U_{bm}E_C - U_{BZ}U_{cm1} - U_{BB}U_{cm1}}{U_{bm}}$$

的直线（如图3-9中直线 AB 所示）。显然动态特性曲线的斜率为负值,其物理意义在于:从负载方面来看,放大器相当于一个负电阻,也就是相当于交流电能产生器,可以输出电能至负载。

在图3-9中,若取 $\omega t = \pi/2$,$u_{CE} = E_C$,$u_{BE} = -U_{BB}$,由式（3-21）可以得到虚拟工作点电流 $i_c|_Q = i_Q = g_c(-U_{BB} - U_{BZ})$——$I_Q$ 实际上是不存在的,故叫作虚拟电流。此时,A 点对应 $\omega t = 0$,$u_{CE} = u_{CEmin} = E_C - U_{cm1}$,$u_{BE} = -U_{BB} + U_{bm}$,直线 AQ 就是动态特性曲线,其中 BQ 段表示晶体管在截止时虚拟特性,故用虚线表示。

2. 负载特性

实际上,直线 AB 的斜率与负载 R_P 有关。负载 R_P 的值越大,即交流输出电压 U_{cm1} 越大,直线 AB 的斜率 $g_d = -g_c U_{bm}/U_{cm1}$ 绝对值越小。图3-10所示为不同负载阻抗值 R_P 的动态特性曲线以及相应的集电极电流脉冲波形,存在以下三种情况。

（1）动态特性曲线 A_1Q:负载 R_P 较小（U_{cm1} 较小,斜率 g_d 的绝对值较大）,称为欠压工作状态,此时集电极电流 i_c 是尖顶余弦脉冲1;

（2）动态特性曲线 A_2Q:随着负载 R_P 的增加,输出电压 U_{cm1} 也逐渐增加,当动态特性曲线与临界线 OP、静态特性曲线（$u_{BE} = u_{BEmax}$）相交于 A_2 点时,放大器工作于临界工作状态,此时

集电极电流 i_c 还是尖顶余弦脉冲 2；

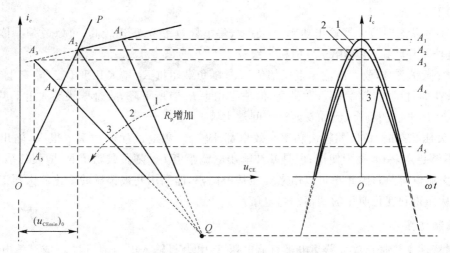

图 3 - 10　由动态特性曲线求集电极脉冲电流

（3）动态特性曲线 $A_3 Q$：随着负载 R_P 的进一步增加，放大器进入过压工作状态（U_{cm1} 很大），动态特性曲线穿过临界线 OP 后，电流将沿临界线下降，因此集电极 i_c 是下陷尖顶余弦脉冲 3，点 A_5 的纵坐标即对应电流脉冲下陷的深度。

综上所述，当 E_C，U_{BB}，U_{bm} 等电压值维持不变时，改变负载 R_P 会引起集电极电流 i_c 的变化，从而导致 U_{cm1}，P_o 和 η_c 也发生变化。功率放大器各电压、电流、功率和效率等随负载 R_P 而变化的曲线则为"负载特性曲线"。

绘出高频功率放大器的负载特性曲线如图 3 - 11 所示。在欠压状态时，即使 R_P 逐渐增大，集电极电流脉冲的最大幅值 I_{cmax} 以及导通角 θ_c 也变化不大，实际上因为静态特性曲线比较平，I_{cm1} 以及 I_{c0} 在 R_P 逐渐增大过程中只是略有减小，可以将放大器输出电流看成是一个交流恒流源，而输出电压 U_{cm1} 则随 R_P 的增大而近似线性增大；在过压区，集电极电流脉冲 i_c 尖顶开始下陷，而且下陷深度随着 R_P 的增大而增加，从而使基波输出电流 I_{cm1} 以及 I_{c0} 急剧下降，输出电压 U_{cm1} 随 R_P 的增大略有上升，可以将放大器输出电压看成是一个恒压源。

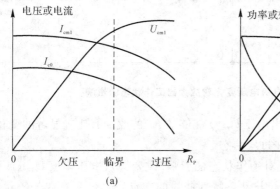
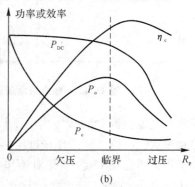

（a）　　　　　　　　　　　　（b）

图 3 - 11　高频功率放大器负载特性
（a）电压（电流）特性；　（b）功率（效率）特性

最后，结合图 3-11 所示的放大器输出功率和效率变化特点，将放大器三种工作状态的特点总结如下：

（1）临界状态时放大器输出功率 P_o 最大，集电极效率 η_c 也比较高，可以说是晶体管功率放大的最佳工作状态，主要用于发射机末级。

（2）过压状态时，放大器输出电压幅值 U_cm1 随负载阻抗 R_P 增大几乎不变（略有上升，交流恒压源）；在弱过压时，效率 η_c 可达最高，但输出功率 P_o 有所下降。故过压状态常用于需要维持输出电压比较平稳的场合，例如发射极中间放大级。

（3）欠压状态时，放大器输出功率与效率都比较低，集电极耗散功率也很大，输出电压幅值 U_cm1 不够稳定，一般很少使用；但是基波输出电流幅值 I_cm1 随负载阻抗 R_P 增大几乎不变（略有减小，交流恒流源），因此在可以用来实现基极调幅，即利用基极偏压的变化放大器工作于欠压状态，从而得到变化明显的调幅输出电压。

3. 调制特性

调制特性主要是指放大器集电极直流电压 E_C 和基极输入电压幅值 U_bm（或反偏电压 U_BB）变化时对放大器工作状态的影响。

（1）集电极电压（E_C）变化对工作状态的影响。放大器的直流电压 E_C 一般不会改变，但是在高电压集电极调幅电路中则是通过改变 E_C 来实现输出电压的幅度调制。在其他参数不变的情况下，直流电压 E_C 改变相当于图 3-9 所示动态特性曲线在横轴方向上左右移动（见图 3-12）。

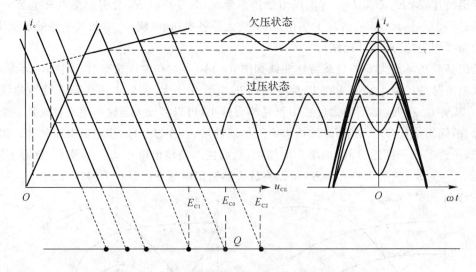

图 3-12 集电极电压变化对放大器工作状态的影响

为了使输出电流幅值 I_cm1（或输出电压 U_cm1）能够随 E_C 的改变有比较显著的变化（集电极调幅），显然功率放大电路必须工作在过压状态。

（2）基极电压（U_bm 或 U_BB）变化对工作状态的影响。改变输入电压幅值 U_bm（或反偏电压 U_BB）相当于移动晶体管静态特性曲线与动态特性曲线的交点。显然，只有在欠压状态下静态特性曲线才有明显的分离（见图 3-13），而在临界线 OP 以及过压状态下，基极电压的所有变化都不能在集电极电流变化中显著地体现出来。

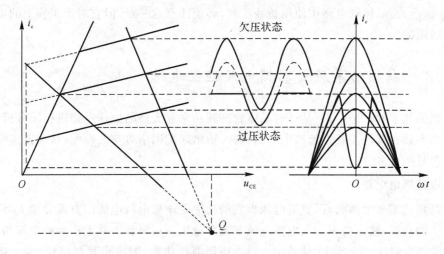

图 3–13　基极电压变化对放大器工作状态的影响

特别地,在基极电压增大使放大器进入临界状态以后,集电极电流幅值几乎没有变化,即过压状态时基极电压的正半周变化体现不出来(图 3–13 中"过压状态"的虚线所示)。所以,为了实现高电平基极调幅,电路应工作在欠压状态。

4. 调谐特性

以上讨论分析都是认为负载回路处于谐振状态,即负载阻抗为纯阻性的 R_P。在实际回路的调谐过程中,信号总是有一定的带宽,所以负载为阻抗 Z_P。当改变回路的元件参数(比如改变调谐电容 C)时,功率放大器的外部直流电流 I_{c0}、基波电流 I_{cm1} 和输出电压 U_{cm1} 都会随之变化,这种变化特性称为放大器的调谐特性,以此可以用来指示放大器是否调谐。

当回路失谐时,不论是感性失谐(电容 C 减小)还是容性失谐(电容 C 增大),阻抗模值 $|Z_P|$ 都会减小,电路工作状态都会发生改变。设放大器工作在弱过压状态,回路失谐后,由于 $|Z_P|$ 减小,那么放大电路的工作状态将向临界及欠压状态变化,此时 I_{c0}、基波电流 I_{cm1} 增大,而输出电压 U_{cm1} 减小(见图 3–14),因此可以利用这种变化来指示放大器的调谐。通常,分量 I_{c0} 变化比较明显,又是直流分量,因此用 I_{c0} 来指示调谐状态就比较方便。

回路失谐时集电极的直流功率 $P_{DC} = E_C I_{c0}$ 会随 I_{c0} 增大而增加,而输出功率 P_o 会因为电流 I_{cm1} 和电压 U_{cm1} 不同相而下降,故失谐后耗散功率 P_c 会迅速增大。这就意味着,高频谐振功率放大器必须经常保持在谐振状态,失谐时处于失谐状态的时间要尽可能短,以防止晶体管过热而损坏。为了防止损坏晶体管,可先减小电源电压(E_C)或者减小输入(激励)电压的幅值(U_{bm})。

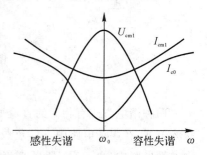

图 3–14　放大器调谐特性

在结束本节时,必须再一次着重指出,折线近似分析法对于电子管高频放大器来说是一个比较成熟的工程计算方法,比较简便且具有相当可靠的准确度。但是,对于晶体管来说,折线分析法只适用于工作频率低的场合;频率进入中频与高频区,便会由于晶体管的内部物理过程使实际数值与计算数值有很大的不同 —— 实际输出电流要小得多,而且有一定的额外相移。因此,在晶体管电路中使用折线法时,必须注意这一点,但它对于工程上的定性分析还是足够适用的。

3.2.3 高频功率放大器馈电及匹配电路

在前面的几节的讨论中,只是针对晶体管高频功率放大器的原理电路进行了分析。实际的高频谐振功率放大器还要有直流馈电电路、输入输出匹配网络等与之匹配,从而使实际电路比原理电路要复杂得多。

1. 集电极馈电电路

对于高频功率放大器而言,直流电源提供的功率等于集电极电流的直流分量 I_{c0} 流过集电极电源产生的功率;输出功率为集电极电流基波分量 I_{cm1} 在负载回路上产生的交流功率;集电极电流的谐波分量 $I_{cmn}(n>1)$ 从理论上讲不应该消耗功率,即应将其短路掉。为了达到上述目的,图 3-15 给出了集电极馈电的两种电路:集电极串联馈电电路和集电极并联馈电电路。

在图 3-15 中:L_c 为阻止高频电流的扼流圈,对直流短路,阻止高频电流通过电源,因为电源有内阻,高频电流流过会损耗功率;C_c 是高频旁路电容,对高频应呈现很小的阻抗,相当于短路;L_c 与 C_c 同时也是电源 E_c 的滤波电路;LC 选频(负载)回路与晶体管集电极、电源电路可以并联(见图 3-15(a)),也可以串联(见图 3-15(b));并联时还需要隔直电容 C_{C1},防止 LC 选频回路对电源短路。

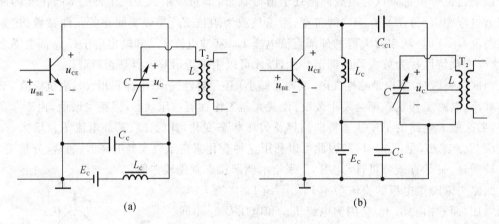

图 3-15 集电极馈电原理电路
(a)串联馈电电路; (b)并联馈电电路

两种馈电方式有相同的直流通路,E_c 都能全部加到集电极上,不同的仅是 LC 负载回路的接入方式。在串馈电路中,LC 负载回路处于直流高电位上,谐振选频网络元件不能直接接地;在并馈电路中,由于 C_{C1} 隔断直流,负载回路处于直流地电位上,因而选频网络元件可以直接接地,所以它们在电路板上的安装就比串馈电路方便。但是,L_c 和 C_{C1} 并接在 LC 负载回路上,它们会影响选频网络的调谐。阻隔元件 L_c,C_c,C_{C1} 等都是为了使电路正常工作所必不可少的辅助元件,它们的数值视工作频率范围而定,原则上应使 L_c 远大于选频回路的电感 L(可视为交流断路),C_c 与 C_{C1} 的阻抗则应尽可能地小(可视为交流短路)。

2. 基极馈电电路

基极馈电电路也有串馈与并馈两种形式,如图 3-16(a) 所示是串馈电路,图 3-16(b) 所示是并馈电路。在实际电路中,工作频率较低或工作频带较宽的放大器往往采用互感耦合(图 3-16(a) 所示馈电方式);对于甚高频段的功率放大器,采用电容耦合比较方便,几乎都是采用图 3-16(b) 所示的馈电方式。

在实际电路中,往往把基极偏置电源(电池)用如图 3-17 所示的自给偏压电路来代替,其中:图 3-17(a) 所示电路利用基极电流的直流分量 I_{B0} 在基极偏置电阻 R_B 上产生所需要的偏置电压 $U_{BB} = -R_B I_{B0}$;图 3-17(b) 利用基极电流 I_{B0} 在基极区电阻 $r_{b'b}$ 上产生所需要的偏置电压 $U_{BB} = -r_{b'b} I_{B0}$($r_{b'b}$ 很小,故 U_{BB} 也很小且不够稳定,一般只在需要小的 U_{BB} 即接近乙类工作时才采用这种电路);图 3-17(c) 是利用发射极电流直流分量 I_{E0} 在发射极偏置电阻 R_e 上产生所需要的偏置电压 $U_{BB} = -R_e I_{E0}$,它能够自动维持放大器的工作稳定(R_e 具有负反馈作用:当激励加大时 I_{E0} 增大,偏压 $|U_{BB}|$ 加大,使 I_{E0} 的相对增量减小;反之,当激励减小时 I_{E0} 减小,$|U_{BB}|$ 也减小,故 I_{E0} 的相对减量也减小,从而使放大器的工作状态变化不大)。

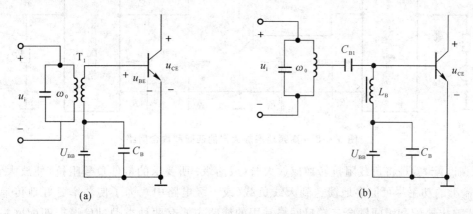

图 3-16　基极馈电原理电路

(a) 串联馈电电路;　(b) 并联馈电电路

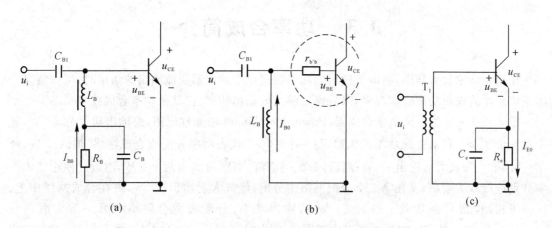

图 3-17　基极自给偏置馈电原理电路

必须指出,放大电路在丙类工作状态时,I_{B0} 随输入电压振幅的大小而变化。在如图 3-17 所示的基极偏置电路中,加到发射结上的直流偏置电压也均随输入信号电压振幅大小而变化——当未加输入电压时,三种电路的偏置均为零;当输入电压由小增大时,由于 I_{B0} 相应增大,加到发射结上的偏置均将向负值方向增大;这种偏置电压随输入信号电压振幅而变化的效应称为"自给偏置效应"。对于放大等幅载波信号的谐振功率放大器来说,利用自给偏置效应可以在输入信号振幅变化时起到自动稳定输出电压振幅的作用(在下一章讨论的正弦波振荡器中,这种效应也可以用来提高振荡幅度的稳定性);但是,在放大幅度调制信号的功率放大器中,这种效应会使输出信号失真,则应该尽力避免之。

3. 输入输出匹配和级间耦合回路

高频功率放大器输入输出(或级间)端口都需要有一定形式的匹配(耦合)回路,以使功率能够有效地馈入和输出。一般地,放大器与输入 / 负载之间或级间匹配电路常采用如图 3-18 所示的二端口网络来表示。

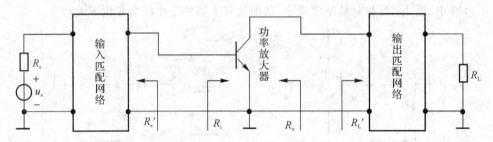

图 3-18   高频功率放大器的匹配和耦合网络

所谓匹配,就是将负载阻抗转换成放大管(或前级)所要求的最佳负载阻抗,使放大管(或前级)输出的功率尽可能多地馈送到天线负载(或下级电路中)。为了使功率更好地传递和输出,输入输出匹配和级间耦合二端口网络常用的线路主要有两种类型:LC 谐振匹配网络和滤波(Π 形、Γ 形、T 形)耦合回路。

3.3   功率合成简介

在高频功率放大器中,当需要输出的功率超过单个放大器所能输出的功率时,可以将多个功率放大器的输出功率叠加起来,以获得足够大的输出功率。这就是功率合成技术。

图 3-19 所示为一个功率合成器(Power Combiner)的原理框图,总输出功率为 35 W,其中每一个"▷"代表一级功率放大器,每一个"◇"代表功率分配或合成网络。输入 1 W,经第一级、第二级放大后输出 11 W;然后,分配网络将 11 W 分离出两个 5 W,继续在两组放大器中分别进行放大输出;又在第二个分配网络中分配,经放大后输出 19 W,再在合成网络中上、下两组相加,最后在负载上获得 35 W 的输出功率。分配或混合网络的另一端为假负载(Dummy Load),具有匹配和展宽工作带宽的作用。按照同样的组合方法,可获得另一组 35 W输出功率;将两组 35 W 再合成相加,可获得 70 W 输出功率。依此类推,以获得更高的功率输出。

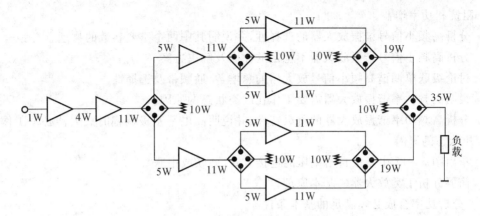

图 3-19 功率合成器原理框图

显然,功率合成的的关键部分是功率分配与合成网络。在低频电路中常采用推挽或并联电路来增加输出功率;单从增加输出功率这一点来看,并联与推挽电路也可认为是功率合成电路。但是,推挽和并联这两种电路都有难以克服的共同缺点 —— 当一路损坏时,另一路的工作状态会剧烈变化,甚至导致这些放大管的损坏。所以,并联和推挽电路并不是高频功率放大的理想功率合成电路。理想的高频功率合成电路至少应该满足以下两个条件:

1)N 个同类型放大器,输出振幅相等,每个放大器供给匹配负载以额定功率 P_{so},那么 N 个放大器输出至负载的总功率为 NP_{so} —— 功率相加条件。上面提到的并联和推挽电路能够满足这一条件。

2) 功率合成器的各单元放大电路彼此隔离,即任意一个放大器单元故障时,不会影响其他放大器单元的工作,那些没有发生故障的放大器依然能向负载输出额定功率 P_{so} —— 相互无关条件。这是功率合成器的最主要条件,并联和推挽电路不能满足这一条件。

为了满足功率合成的两大条件,关键就在于选择合适的功率分配与合成的混合网络(Hybrid Circuit)。晶体管放大器高频功率合成所用的混合网络主要是传输线变压器,其中应用最为广泛的是 1:4 传输线变压器。传输线变压器是一种将传输线绕在高磁导率、低损耗磁芯上构成的变压器,输入功率通过传输线以电磁能的形式进入负载,传输线起到信号源与负载之间阻抗变换器的作用。关于传输线变压器的详细讨论请参阅有关文献,本书在这里不再展开讨论。利用传输线变压器可以组成各种类型的功率分配器和功率合成器,并且具有频带宽、结构简单、插入损耗较小等优点。发射机末级千瓦量级的全固态功率放大器,一般都是采用几个几百瓦的功率晶体管,经功率合成以后,将千瓦量级的高频功率发送至天线而将信号辐射出去。

思 考 题

3-1 默画出由晶体管共发电路构成的高频小信号谐振放大器的高频通路及 Y 参数模型等效电路。

3-2 利用高频小信号谐振放大器 Y 参数模型等效电路导出共电压放大倍数、输入阻抗、输出阻抗和功率增益。

3-3　分析高频小信号谐振放大器的选择性,并说明其中两个重要参数的物理意义。

3-4　分析高频小信号谐振放大器不稳定的原因及解决方案。

3-5　讨论级联单调谐高频小信号放大器的总增益、通频带及选择性。

3-6　说明高频功率谐振放大器需要工作在丙类状态的原因。

3-7　分析高频功率谐振放大器的负载特性,并说明高电平基极调幅时放大器必须工作于欠压状态的原因。

3-8　指出图 3-17 中基极自给偏压的连接方式(并联或串联)。

3-9　简要分析丁类放大器的基本原理。

3-10　分析功率合成必须满足的基本条件。

第4章　正弦波振荡电路

高频收发系统的正常工作总是需要各式各样的信号。有的信号来源于外部激励,有的信号需要在系统内部产生。比如,发射机中调制载波信号、接收机中解调本地振荡信号等等,通常都需要在高频系统内部通过正弦波振荡电路来产生。为了生成稳定的正弦波信号,常用的方法是在放大电路中接入正反馈选频网络以产生稳定的自激振荡。本章将重点讨论基于正反馈的自激正弦波振荡电路,首先分析正反馈振荡器的基本工作原理,然后讨论最基本的"三端式(或三点式)"振荡电路,并针对实际应用问题介绍几种比较实用的正弦波振荡电路,最后简要介绍一下振荡器的稳频原理以及频率稳定度的相关概念。

4.1　正反馈自激振荡电路工作原理

正反馈是把电路网络(主要是放大器)输出信号的一部分反馈至电路输入端,而且反馈信号的相位和输入端起始信号的相位相同(或者相差 $360°$)、幅度等于或大于起始信号的幅度,这时移去起始信号(或起始信号消失)电路网络仍可继续正常振荡。正反馈振荡器主要由放大电路和正反馈选频网络两部分组成。比如,在如图 4-1(a)所示的实用振荡电路中,由晶体管 V_1,电阻 R_{b1},R_{b2},R_C,R_e 构成放大器;电容 C_1,C_2 组成反馈网络,并与电容 C_3,C_4,电感 L 一起组成振荡选频回路,以选出所需的振荡频率;C_b 是耦合隔离电容,其高频等效电路如图 4-1(b)所示。需要特别说明的是,这里所谓的振荡电路放大器输入端"起始信号",通常都是电路加电时的短暂冲击甚至是电噪声。

4.1.1　正反馈振荡基本原理

为了使分析过程具有普遍性,将图 4-1(b) 所示的放大电路和反馈网络分别用框图表示(如图 4-2 所示,其中点虚线是指反馈电压 $\dot{U}_f$ 至输入端有一定的滞后),于是反馈电压 $\dot{U}_f$ 可以表示为

$$\dot{U}_f = \dot{A}\dot{F}\dot{U}_i \tag{4-1}$$

式中　　$\dot{U}_f$——相量表示的反馈电压信号;

　　　　$\dot{U}_i$——相量表示的输入端起始电压信号;

　　　　$\dot{A}$——相量表示的放大电路电压增益;

　　　　$\dot{F}$——相量表示的反馈网络电压反馈系数。

1. 起振与平衡

当开始产生自激振荡(起振)时,输出信号幅度由小变大,是一个逐渐增幅的过程。在此过程中,必然有

$$|\dot{U}_f| > |\dot{U}_i| \qquad\qquad (4-2)$$

从而得到起振的条件（振幅条件与相位条件）为

$$|\dot{A}\dot{F}| > 1, \quad \varphi = \varphi_A + \varphi_F = 2k\pi \qquad (k=0,1,2,\cdots) \qquad (4-3)$$

式中　φ_A——放大电路产生的相移；

　　　φ_F——正反馈网络产生的相移。

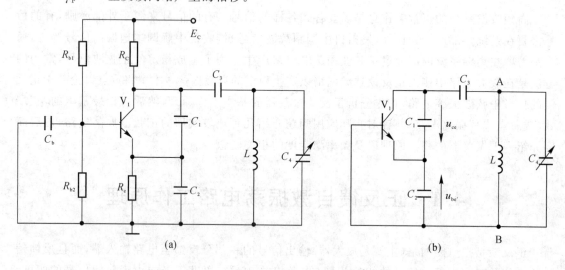

图 4-1　实用正反馈正弦波振荡电路

（a）实用振荡电路；　（b）高频等效电路

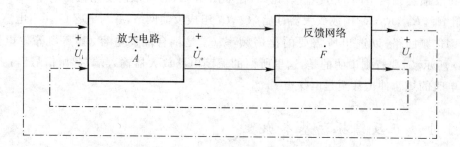

图 4-2　正反馈振荡器的组成框图

式（4-3）的意义在于：起振时振荡刚刚建立，振荡信号幅度很小，放大器（晶体管或其他放大器件）工作在"放大区"，整个环路处于"放大"（环路增益大于 1）和"正反馈"（环路相移为 $2k\pi$）状态，经过"放大—正反馈—再放大—再正反馈"的多次循环，使振荡电压 $\dot{U}_i$（$\dot{U}_F$ 或输出信号 $\dot{U}_o$）的振幅逐渐增大。起振过程的本质，就是电源补充给电路的能量应大于整个环路消耗的能量。

起振以后，振幅进一步增大，但这一过程不可能无止境地持续下去，因为放大器（晶体管或其他放大电路）的线性范围有限。随着振幅的增大，放大器进入"饱和区"和"截止区"，从而限制信号振幅的继续增大而形成稳幅振荡，这种情况就叫作"振幅平衡"。此时，$|\dot{U}_f| = |\dot{U}_i|$，于是得到振幅平衡的条件为

$$|\dot{A}\dot{F}| = 1, \quad \varphi = \varphi_A + \varphi_F = 2k\pi \qquad (k=0,1,2,\cdots) \qquad (4-4)$$

作为正反馈自激振荡器,既要满足起振条件又要满足平衡条件,那么环路增益要从起振时的 $|\dot{A}F| > 1$ 过渡到 $|\dot{A}F| = 1$,即环路增益具有随振荡电压幅值 $|\dot{U}_i|$ 增大而下降的特性〔见图 4-3(a)〕,而环路相移则必须维持在 $2k\pi$,以保证整个环路为正反馈。把起振过程中 $|\dot{U}_i|$ 与 $|\dot{U}_o|$ 的放大曲线称为正反馈振荡器的"放大特性"〔见图 4-3(b)〕;一般地,反馈系数 F 为常数,即反馈电压 $|\dot{U}_F|$ 与输出电压 $|\dot{U}_o|$ 基本上为线性关系,这一线性关系常称为"反馈特性"〔见图 4-3(c)〕。

2. 振幅平衡状态的稳定

振幅平衡时 $\dot{U}_F = \dot{U}_i$,因而可以将放大特性与反馈特性绘于同一坐标中(见图 4-4),并称该特性为"振荡特性"。从图 4-4 中可以看出,设电源接通后有一起始电压 U_{i1},通过放大电路后得到 U_{o1},再通过正反馈网络得到 $U_{F1} = U_{i2}$;U_{i2} 放大后得 U_{o2},经反馈网络得 $U_{F2} = U_{i3}$;…… 依此持续下去,最后稳定于 Q 点(放大特性与反馈特性的交点)。

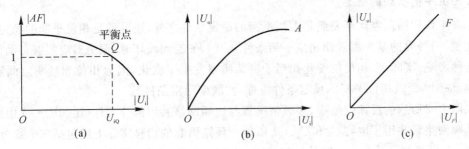

图 4-3　振荡器起振和平衡的基本特性

(a) 环路增益特性;　(b) 环路放大特性;　(c) 环路反馈特性

在图 4-4 中 Q 点附近,如果由于某种因素使输出电压 $\dot{U}_o$ 的振幅增大了 Δu_{ox},那么 Δu_{ox} 经反馈网络后使反馈电压 $\dot{U}_F$ 的振幅增大 Δu_{Fx},相应地输入电压 $\dot{U}_i$ 的振幅也增大 Δu_{iy};Δu_{ix} 经过放大电路后使输出电压将下降 Δu_{oy},再经反馈网络使输入电压下降 Δu_{iy};…… 依此持续下去,最后振荡电路仍然稳定振荡于 Q 点。

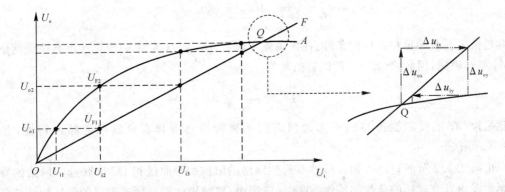

图 4-4　正反馈振荡器的振荡特性

从上述分析过程可以看出,要使振荡器的振幅稳定,在平衡点 Q 处振荡器必须具有抑止振幅变化的能力;换言之,在平衡点 Q 附近,环路增益 $|\dot{A}F|$ 随 $|\dot{U}_i|$ 的变化率必须为负值,即

$$\left.\frac{\partial(|\dot{A}\dot{F}|)}{\partial|\dot{U}_i|}\right|_{|\dot{U}_i|=|u_{iQ}|} = \left.\frac{\partial(|\dot{T}|)}{\partial|\dot{U}_i|}\right|_{|\dot{U}_i|=|u_{iQ}|} < 0 \qquad (4-5)$$

式中,$\dot{T}=\dot{A}\dot{F}$ 为环路增益。这种情况称为振幅平衡的稳定条件,而且满足式(4-5)的环路增益特性与满足起振、平衡条件所要求的环路增益特性是一致的。既然 Q 点是放大特性与反馈特性的交点,而反馈特性的斜率又反映着反馈系数 $\dot{F}$ 的大小,那么反馈系数越小 Q 点越低,产生稳定振荡 $\dot{U}_o$ 的振幅就越小。

当 $\dot{F}$ 数过小时,可能会出现放大特性与反馈特性没有交点的情况,这时就无法形成振荡。当 $\dot{F}$ 比较大时,输出电压的振幅是逐渐增大的,这时振荡电路很容易起振,称为"软激励振荡";与之对应,如果起振时需要给予适当的冲击电流才能形成振荡,则称为"硬激励振荡"。这主要是因为放大器增益或反馈系数比较小,加电时振荡环路增益比较低(<1),需要给予适当的冲击电流使环路增益增大才能在正反馈条件下形成持续稳定的振荡。

3. 相位平衡状态的稳定

正常工作的振荡器除了要满足振幅平衡的稳定条件之外,还要满足相位平衡的稳定条件。也就是说,当外界的某些因素使相位平衡条件 $\varphi=2k\pi$ 遭到破坏时,振荡器应能够自动消弱并消除这种影响。实际上,相位的变化相当于振荡频率发生了变化,因为相位和频率之间满足关系 $\omega=\mathrm{d}\varphi/\mathrm{d}t$,所以相位平衡的稳定条件也称为"频率稳定条件"。

在图4-2所示的反馈网络中,多数情况都与选频网络共用部分元件(比如图4-1中反馈网络与选频网络就共用了电容 C_1 和 C_2),所以整个环路引起的相移实际上应包括三个部分:放大器相移 φ_A、反馈网络相移 φ_{F0}(以示与前面的 φ_F 区分)和选频网络相移 φ_z,即 $\varphi=\varphi_A+\varphi_{F0}+\varphi_z$。若环路相移增量 $\Delta\varphi>0$,这就意味着反馈电压 $\dot{U}_F$ 超前于起始输入电压 $\dot{U}_i$ 一个相角,也就意味着振荡信号的周期缩短、振荡频率增加($\Delta\omega>0$);反之,若 $\Delta\varphi<0$,则反馈电压 $\dot{U}_F$ 滞后起始输入电压 $\dot{U}_i$ 一个相角,从而导致信号频率的减小($\Delta\omega<0$)。总之,外界影响存在 $\Delta\varphi/\Delta\omega>0$ 的关系。

为了使相位平衡状态能够稳定,则要求内部产生一个能够阻止 $\Delta\varphi/\Delta\omega>0$ 的新相位变化 $\Delta\varphi/\Delta\omega<0$,或写成偏微分形式为

$$\partial\varphi/\partial\omega<0$$

$$\frac{\partial\varphi}{\partial\omega}=\frac{\partial(\varphi_A+\varphi_{F0}+\varphi_z)}{\partial\omega}<0 \qquad (4-6)$$

这就是振荡器要满足相位稳定条件。在振荡频率附近,φ_A,φ_{F0} 对频率的变化远没有选频网络相移 φ_z 那么敏感,因此式(4-6)可以近似写为

$$\frac{\partial\varphi}{\partial\omega}\approx\frac{\partial\varphi_z}{\partial\omega}<0 \qquad (4-7)$$

也就是说,在正反馈振荡环路中选频网络的相频特性必须具有负斜率的频率特性,如图4-5(a)所示。

由第2.2.2节的讨论可知,LC并联选频网络的阻抗相频曲线和LC串联选频网络的导纳相频曲线均具有这样的负斜率特性。在实际应用中,要特别注意并联或串联的阻抗特性或导纳特性的选择,否则会造成相位平衡状态的不稳定,或者振荡环路即使是正反馈也不能起振。比如,图4-5(b)所示的高频等效电路中,正反馈和选频共用一个LC并联谐振回路,注意到其输入是电压 u_{c2}、输出电流 i_F,故该选频网络利用的是导纳特性;但是,LC并联谐振回路的导纳相频曲线是正斜率特性,不能满足式(4-7)的相位稳定条件。所以,该正反馈振荡电路并不能正

常工作。实际上，因为 LC 并联谐振回路在谐振时阻抗最大（理想情况下为无穷大），正反馈最弱，振荡电路也不能正常工作。因此，若要使该电路正常工作，则需要把 LC 并联选频网络修改为 LC 串联选频网络。

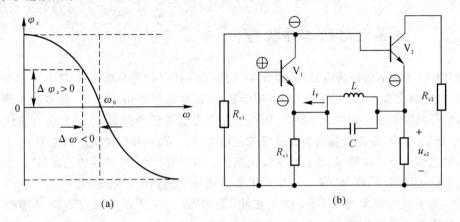

(a)　　　　　　　　　　　　　　　(b)

图 4 - 5　振荡器相位平衡的稳定条件

（a）负斜率相频特性；　（b）正斜率特性时不能正常工作

4.1.2　振荡器的振荡频率

LC 谐振回路作为选频网络除了能够稳定振荡频率，同时还可以确定振荡频率，这是因为 LC 谐振回路的自由振荡现象必发生于谐振频率点上。

以 LC 并联谐振回路为例（见图 4-6(a)），假设 $t < 0$ 时电容 C 两端有初始电压 U_C，在 $t = 0$ 时开关接通。利用电路分析基础知识不难求出，在当并联谐振电阻 $R_P > \sqrt{L/4C}$ 时，回路将产生欠阻尼自由振荡现象〔见图 4-6(b)〕，在 $t > 0$ 时并联回路两端电压 u_C 将是一个振幅按指数规律衰减的正弦波振荡，即

$$u_C(t) = U_C e^{-\alpha t} \cos\omega_0 t \qquad\qquad (4-8)$$

式中，振荡角频率 $\omega_0 = 1/\sqrt{LC}$，衰减系数 $\alpha = 1/(2R_P C)$。

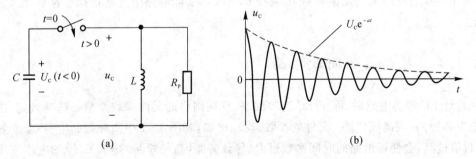

(a)　　　　　　　　　　　　　　　(b)

图 4 - 6　LC 并联谐振回路欠阻尼自由振荡

（a）LC 并联谐振回路；　（b）欠阻尼自由振荡波形

欠阻尼自由振荡逐渐衰减的原因在于损耗电阻 R_P 的存在。若回路无损耗（R_P 无穷大），则

衰减系数 $\alpha = 0$，那么回路两端电压 u_C 是一个角频率为 ω_0 等幅正弦波。在实际的正反馈振荡电路中，给环路加上放大器并通过正反馈恰好补充损耗电阻 R_P 所消耗的能量，从而获得等幅正弦波，而且其频率主要由 LC 选频网络确定。

4.1.3 振荡电路的工作状态

观察图 4-1 所示的振荡电路，晶体管 V_1 的静态工作点设置在放大区，那么在刚开始起振时振荡的幅度就会很小，放大电路工作在甲类状态（晶体管导通角 $\theta = \pi$）。随着振荡幅值的逐渐增大，信号幅度会摆动到放大电路非线性区，振荡电流波形被限幅，于是就会有直流分量和新的频率分量。其中，直流分量将会在基极偏置电阻（R_{b1}，R_{b2}）和射极负反馈电阻 R_e 上产生出直流压降，它们对于晶体管 V_1 而言均为反向偏压，从而使放大电路转为甲乙类（或乙类、丙类）状态。由于选频网络（L, C_1, C_2, C_3, C_4）作用，振荡电路仍然输出正弦波形。

比如，为了产生频率为 1 GHz 的正弦波，采用图 4-1 所示的振荡电路并选择晶体管 3DG16，其典型参数如下：基区体电阻 $r_{bb'} = 25\ \Omega$，集电极结电容 $C_{b'c} = 4\ \text{pF}$，特征频率 $f_T = 0.75\ \text{GHz}$，最高振荡频率 $f_{max} = 0.846\ \text{GHz}$。显然，在 1 GHz 时晶体管的短路电路增益（共发射极电流放大系数）$\beta < 1$（因为 $f_T = 0.75\ \text{GHz}$），而且放大电路匹配功率增益 $A_P < 1$（因为 $f_{max} = 0.846\ \text{GHz}$）。

由于体电阻 $r_{bb'}$ 和结电容 $C_{b'c}$ 的存在，放大电路存在一个极限增益频率 $f_L = 1/(2\pi r_{bb'} C_{b'c}) = 1/(2\pi \times 25 \times 4 \times 10^{12}) \approx 1.59\ \text{GHz}$，那么该晶体管在 1 GHz 时仍然能够保证电压增益 $A > 1$。于是，只要适当选择反馈系数 F 使 $AF \geqslant 1$ 就可以满足振荡器的振幅条件；至于相位条件，可以由电路的合理联接（比如 LC 并联谐振回路）就能够得到满足。因此，由晶体管 3DG16 组成的正弦波振荡器能够产生 1 GHz 的正弦波的正弦波信号。

在图 4-1 所示电路中，反馈系数 F 主要与电容 C_1, C_2 有关，由于晶体管部分接入 LC 并联谐振回路，只要谐振回路的有载品质因数 Q_L 比较大（比如远大于 10），那么在谐振时可以近似认为流过电容 C_1, C_2 的电流相等，于是可以求出反馈系数

$$|F| = \left| \frac{u_{ce}(j\omega_0)}{u_{b'e}(j\omega_0)} \right| = \left| \frac{i_0/j\omega_0 C_2}{i_0/j\omega_0 C_1} \right| = \frac{C_1}{C_2} \tag{4-9}$$

所以，为了保证有比较大的反馈系数 F，要使 $C_1 > C_2$，实际电路中通常选择电容 C_1 是 C_2 的 10 倍以上。

4.1.4 振荡器的间歇振荡

在设计 LC 振荡电路时，除了 LC 选频网络、反馈网络的元件参数要精心选择，也要注意放大器偏置和旁路（或高频短路）元件的参数选择。比如，若图 4-1 中高频短路电容 C_b 或射极电阻 R_e 数值过高，会使得电路的时间常数过大，导致旁路（高频短路）电容 C_b 上的电压变化跟不上振荡信号幅值的变化，从而在某一时刻导致振荡停止；停止一段时间以后，电容放电到一定程度，电路又满足振荡条件而恢复振荡，因而产生断续的振荡波形，这种时振时停的现象叫作"间歇振荡"。为了防止间歇振荡，就应该正确地选取电路元件参数并提高回路的品质因数。

此外，在实际的电路中，振荡电路需要与其他电路耦合，还可能会产生"频率拖曳"现象；

外部信号进入 LC 振荡电路,还可能导致"频率占据"现象;由于多级电路或元器件的杂散电容、电感,还会产生不需要的振荡信号,称之为"寄生振荡"。这些现象,需要在正弦波振荡电路设计中极力避免。关于这些现象产生原因的分析,请读者自行查阅相关参考文献。

4.2　正弦波振荡器的基本线路

正弦波振荡器实际线路的类型很多,比如基于 LC 谐振回路的互感耦合 LC 振荡电路、三端式(或三点式)LC 振荡电路,以石英晶体作为高 Q 值谐振回路元件的晶体振荡电路(其本质仍然是 LC 振荡器),以变容二极管为 LC 谐振元件的压控振荡电路,以电阻、电容构成 RC 移相正反馈选频网络的振荡电路(最典型的电路是文氏电桥振荡器),负阻振荡电路等。在高频应用中,研究三端式(或三点式)LC 振荡电路具有普遍意义,因为其他类型的大多数振荡电路都可以从这类振荡器的几种基本线路演变而来。

4.2.1　三端式振荡电路的一般组成

三端式振荡电路除了晶体管(有源放大器)以外,在晶体管三个电极之间分别接上三个电抗元件 X_1,X_2,X_3(见图 4-7),它们与晶体管发射极(e)、基极(b)、集电极(c)三点连接,故称为"三端式(或三点式)"电路。其中,X_1,X_2,X_3 既构成了正反馈所需的反馈网络,又构成了决定振荡频率的谐振选频网络,同时它们还包含了负载阻抗。下面,重点分析电抗元件须具备哪些性质和关系才能使振荡电路正常工作。

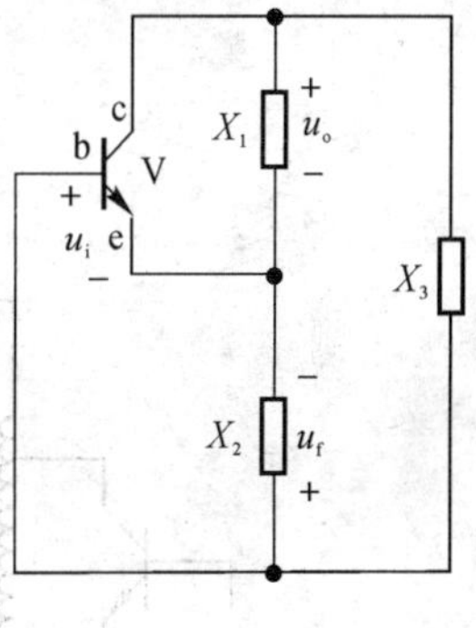

因为需要 X_1,X_2,X_3 构成谐振选频网络,所以其中有的是容抗,有的则必然是感抗(见图 4-8),而且在回路谐振时三者须满足关系:

$$X_1 + X_2 + X_3 = 0 \qquad (4-10)$$

在回路谐振且品质因数 Q 足够大时,可以忽略晶体管作为外电路在各电极上的电流,认为流过三个电抗元件的电流均相等,那么电抗 X_1,X_2 两端的电压 u_0,u_f(注意参考方向)可以表示为

图 4-7　三端式振荡电路

$$u_f(j\omega_0) = u_i(j\omega_0) = \frac{X_2}{X_1}u_o(j\omega_0) \qquad (4-11)$$

为了满足正反馈或相位平衡条件($\varphi_A + \varphi_F + \varphi_Z = 2n\pi$,$n$ 为整数),在理想条件下反相放大器的相移 $\varphi_A = \pi$,谐振时选频网络相移 $\varphi_Z = 0$,那么要求反馈网络的相移必须满足 $\varphi_F = (2n-1)\pi$(比如取 $n=0$ 则有 $\varphi_F = -\pi$),即要求反馈电压 u_f(或输入电压 u_i)与输出电压 u_o 反相。于是,由式(4-11)必须要有 $X_2/X_1 > 0$ 才能满足条件,即 X_1,X_2 必须是同性质的电抗,相应地它们与 X_3 是异性质的电抗。综上所述,可以把三端式振荡电路的一般组成原则概括如下:

1)X_1,X_2 电抗性质相同;

2)X_3 与 X_1,X_2 电抗性质相异;

3)振荡频率可以利用式(4-10)来估算。

为了便于记忆,可以将上述原则归纳为四个字 —— 射同集(基)异,即凡是与发射极相联

的电抗必须同性质,同时与集电极(基极)相联的电抗异性质。还需要注意的是,由于振荡环路损耗和晶体管输入/输出阻抗的影响,放大器相移 φ_A 不是严格的 π,或者说 u_i 与 u_o 不是严格的反相,而是在 $\varphi_F = -\pi$ 上附加了一个相移,那么为了满足相位平衡条件,选频网络的相移 $\varphi_Z \neq 0$。为此,选频网络对振荡频率必须是失谐的;换言之,振荡频率与谐振频率实际上并不相等,而是稍有偏离。

根据以上原则可以构成两个基本的正弦波振荡线路(见图4-8),其中图4-8(a)是电容三端式振荡电路,也称为"考毕兹(Colpitts)振荡器";图4-8(b)所示为电感三端式振荡电路,称为"哈特莱(Hartley)振荡器"。实际上,图4-1所示的振荡电路也是一种改进型的电容三端式振荡电路,也称为"西勒(Seiler)振荡器"。图4-9所示为一些常见的正弦波振荡高频原理电路,读者不妨自行判断它们是由哪种基本线路演变而来的。

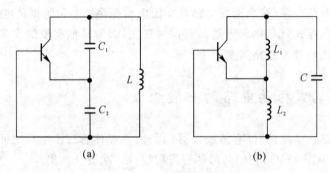

(a)　　　　　　　　　　　(b)

图 4-8　两种基本的三端式振荡电路

(a) 电容反馈;　(b) 电感反馈

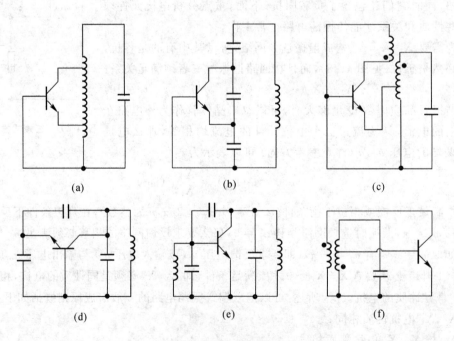

图 4-9　一些常见的正弦波振荡高频原理电路

4.2.2　电容三端式振荡电路

电容三端式振荡器也叫作电容反馈式振荡器,有时也简称为 CCL 电路,它的一个实际电路如图 4-10(a) 所示,其中 V 为高频小功率晶体管,R_{b1},R_{b2},R_e 组成晶体管 V 的偏置稳定电路,R_c 为集电集电阻,L_c 为扼流电感(防止电源对高频振荡信号旁路,R_c,L_c 有时也只用其中一个),C_b,C_c 为隔直电容,C_e 为发射极旁路电容,L 为 LC 谐振回路电感(其损耗电阻为 r_p,常带耦合线圈以输出振荡信号),C_1,C_2 为回路电容,同时也是反馈网络;高频等效电路如图 4-10(b) 所示,图中省去了诸如偏置电阻等辅助元件,它显然满足三点式振荡器的相位平衡条件。

振荡电路起振时晶体管工作在甲类状态(线性放大区),具有小信号的性质,可以用晶体管的 Y 参数模型(忽略晶体管内部反馈,即认为 $y_{re} = 0$)来表示,得到如图 4-11 所示的 Y 参数等效电路。利用等效电路,可求出电容反馈振荡电路的振荡频率为

$$\omega_s = \frac{\sqrt{1 + [r_p(C_1 g_{ie} + C_2 g_{oe}) + L g_{ie} g_{oe}]/(C_1 + C_2)}}{\sqrt{L C_1 C_1/(C_1 + C_2)}} \approx \frac{1}{\sqrt{LC}} = \omega_0 \qquad (4-12)$$

式中,$C = C_1 C_1/(C_1 + C_2)$ 为回路总电容;ω_0 为 LC 并联谐振回路的谐振频率。显然,振荡频率 ω_s 可以近似为谐振频率 ω_0,但比 ω_0 略大一点。

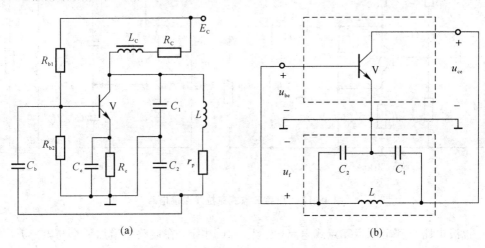

图 4-10　基本电容三端式振荡电路
(a) 实际电路;　(b) 高频等效电路

为了满足起振的振幅条件,要求晶体管的前向跨导 g_m 满足关系式

$$\frac{k_F g_m}{g_{oe} + g'_L + k_F^2 g_{ie}} > 1 \quad 或 \quad g_m > \frac{C_1}{C_2} g_{ie} + \frac{C_2}{C_1}(g_{oe} + g'_L) \qquad (4-13)$$

式中,等效电导 g'_L 代表回路电感线圈的损耗和输出负载,反馈系数 $F = C_1/C_2 = k_F$ 也称为折合系数。由式(4-13)可以看出,在晶体管参数 g_m,g_{ie},g_{oe} 一定的情况下,可以通过调节 g'_L 和 k_F 来保证电路起振。为了保持幅度稳定,$k_F g_m/(g_{oe} + g'_L + k_F^2 g_{ie})$ 的取值一般为 3～5。

实际中,晶体管极间电容对电容三点式振荡电路的回路阻抗产生影响,也会影响电路的振荡频率;而且,极间电容受环境温度、电源电压等因素的影响还较大,所以上述基本电容三点式

振荡电路的频率稳定度不是很高。为了提高稳定度,需要对电路进行改进,以减少晶体管极间电容对回路的影响。采用减弱晶体管与回路之间耦合的方法,得到两种改进型电容振荡电路:克拉泼振荡电路(Clapp Oscillator,见图 4-12)和西勒振荡电路(Seiler Oscillator,见图 4-1)。

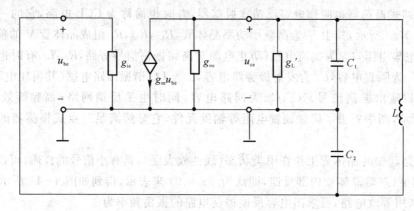

图 4-11　电容三端式振荡器 Y 参数等效电路

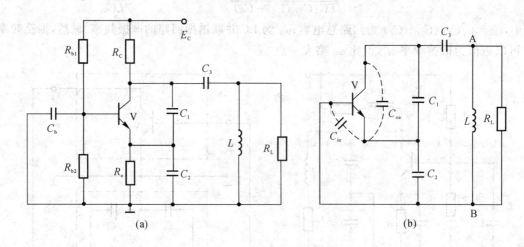

(a)　　　　　　　　　　　　　　　　(b)

图 4-12　电容三点式克拉泼振荡电路

克拉泼电路与基本电容三点式电路(见图 4-10)相比,在回路中增加一个与电感 L 串联的电容 C_3,要求 C_3 和 L 的串联电路在振荡频率上等效为一个电感,因此整个电路仍属于电容三点式电路。由图 4-12(b)所示的等效电路可知,电容 C_1 和 C_2 只是整个谐振回路电容的一部分,即晶体管以部分接入的方式与回路连接,减弱了晶体管与回路的耦合。当电容 C_1 和 C_2 值远大于 C_3 时,振荡回路的等效总电容为

$$C = \frac{C_1 C_2 C_3}{C_1 C_2 + C_2 C_3 + C_3 C_1} = \frac{C_3}{1 + C_3/C_1 + C_3/C_2} \approx C_3 \tag{4-14}$$

其中用到了 $C_1 \gg C_3$,$C_2 \gg C_3$ 的条件。于是,电路的振荡频率为

$$\omega_s = 1/\sqrt{LC} \approx 1/\sqrt{LC_3} \tag{4-15}$$

由此可见,克拉泼电路的振荡频率几乎与电容 C_1 和 C_2 无关;同时,晶体管的极间电容 C_{oe} 和 C_{ie} 可以看成是直接与电容 C_1 和 C_2 并联,这样就基本上消除了它们对振荡频率的影响,所以克拉

泼电路的频率稳定度比基本电容三点式电路要好很多。

　　需要注意的是,虽然电容 C_1 和 C_2 远大于 C_3 对于改善频率稳定度很有好处,但是晶体管 c-e 极之间与回路的接入系数将会下降,从而使折合到晶体管 c-e 极之间的等效负载阻抗减小,导致振荡幅度降低,甚至会影响起振。改变 C_3 可以调节输出信号的振荡频率,但是会导致负载阻抗产生很大变化,从而使振荡器的振幅变化也较大,使输出信号的幅度不平稳。因此,克拉泼电路的可调节频率范围不够宽,通常只能用作频率振荡器或波段覆盖系数较小的可变频率振荡器。

　　为了克服克拉泼电路的不足,可以采用图 4-1 所示的西勒振荡电路,其振荡频率约为

$$\omega_s = 1/\sqrt{LC} \approx 1/\sqrt{L(C_3 + C_4)} \tag{4-16}$$

固定 C_3,改变 C_4,从而在调节振荡频率时不会影响回路的接入系数,所以晶体管 c-e 极之间的等效负载在振荡频率变化时基本保持不变,故输出信号振幅比较稳定。

4.2.3　电感反馈式振荡电路

　　电感反馈式振荡电路有互感耦合振荡器和自感耦合振荡器两种基本形式。互感耦合振荡器又有调集电路、调基电路和调发电路三种形式(见图 4-13),这是根据振荡回路在集电极电路、基极电路和发射极电路之中来区分的。调集电路在高频输出方面比调基、调发电路要稳定一些,而且幅度较大、谐波分量较小;调基电路振荡频率可以在较宽范围改变,振幅也比较稳定。互感耦合振荡器在调整反馈(改变耦合系数 M)时,基本上不影响振荡频率。但是,互感线圈的杂散电容比较大,因此它们的工作频率不宜过高,一般应用于中、短波频段。

　　自感耦合振荡器也称为"电感三点式振荡器"(LLC 电路),或称为"哈特莱振荡器"(见图 4-14)。晶体管集电极与基极接于 LC 回路两端,发射极接于自感线圈中部某一抽头上,所以电感 L_1,L_2 组成一个分压器,相互之间有互感 M;电感 L_1 两端的电压通常是 L_2 两端电压的 $2 \sim 5$ 倍。

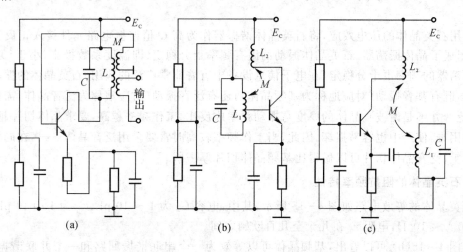

图 4-13　互感耦合振荡器

(a)调集电路;　(b)调基电路;　(c)调发电路

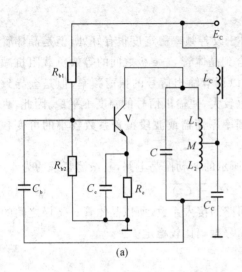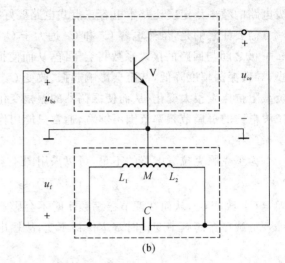

图 4-14　电感三点式（哈特莱）振荡器

（a）原理电路；　（b）等效电路

哈特莱（Hartley）振荡器电路的振荡频率约为

$$\omega_s = 1/ \sqrt{C(L_1 + L_2 \pm 2M)} \tag{4-17}$$

而且振荡环路的反馈系数 F 可供选取的范围很宽，所以电感三点式振荡电路主要有两方面的优点：一是电感 L_1，L_2 之间存在自耦互感 M，容易起振；二是改变电容来调节振荡频率，基本上不影响电路的反馈系数。电感三点式振荡器也明显不足：一是反馈支路为感性，对高次谐波呈高阻抗，从而对 LC 回路中的高次谐波反馈较强，使波形失真比较大；二是工作频率不能太高，受分布电容的影响很大。所以，在甚高频段应用时，通常优先推荐采用电容反馈（三点式）振荡电路。

4.2.4　石英晶体振荡器

利用石英晶体的压电效应，将石英晶体谐振器作为高 Q 值谐振电路元件接入正反馈电路中，就组成了晶体振荡器。石英晶体振动的固有频率十分稳定（即温度系数极小，小于 10^{-6}），故晶体振荡器的频率也十分稳定，在电子信息设备中有着非常广泛的应用。石英晶体的振动具有多谐性，既有基音振动（对应地称为基频晶体），还有泛音振动（对应地称为泛音晶体；需要注意的是，泛音并不是谐波）。晶体的厚度与振动频率成反比，工作频率越高，要求晶体切片越薄，加工就越困难，使用中也容易损坏。因此，当工作频率较高时常要采用泛音晶体 —— 在同样的工作频率上，泛音晶体切片可以做得比基频晶体切片厚一些。

1. 石英晶体的阻抗频率特性

石英晶体的等效电路如图 4-15 所示，其中：电容 C_0 为 $1 \sim 10$ pF、C_q 为 $1 \sim 10$ pF，电感 L_q 为 $10^{-3} \sim 10^2$ H，电阻 r_q 在几十至几百欧姆之间。

由图 4-15（b）可以看出，基频晶体可以等效为一个串联谐振回路和一个并联谐振回路；串联谐振频率为

$$f_s = \frac{1}{2\pi \sqrt{L_q C_q}} \tag{4-18}$$

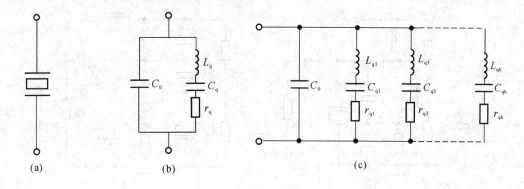

图 4 - 15　石英晶体等效电路

（a）符号；　（b）基频等效电路；　（c）基频和泛音等效电路

并联谐振频率为

$$f_p = \frac{1}{2\pi\sqrt{L_qC_qC_0/(C_q+C_0)}} = \frac{f_s}{\sqrt{C_0/(C_q+C_0)}} = f_s\sqrt{1+\frac{C_q}{C_0}} \qquad (4-19)$$

因为 C_q/C_0 非常小，所以 f_s 和 f_p 之间的间隔很小，而且在 $f_s \sim f_p$ 感性区间石英晶体具有陡峭的电抗频率特性（见图 4 - 16），斜率很大，有利于稳频。

由图 4 - 16 可知，在三点式正弦波电路振荡电路中，可以把石英晶体作为感性元件来使用，也可以作为一个短路元件来使用（串联等效电路谐振点）。根据石英晶体在振荡器中的作用不同，可以将晶体振荡器可分为两类：一类是并联型晶体振荡器，将晶体作为等效电感元件用在振荡电路中，石英晶体工作在感性区（$f_s < f < f_p$）；另一类是串联型晶体振荡器，石英晶体作为一个短路元件串接于振荡器的正反馈支路上，晶体工作在它的串联谐振频率（f_s）上。

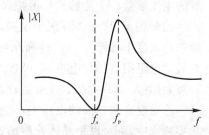

图 4 - 16　基频石英晶体的电抗频率特性

2. 并联型晶体振荡器

并联型晶体振荡器通常有皮尔斯（Pierce）振荡器和密勒（Miller）振荡器，它们的基本工作原理与三点式 LC 振荡器相同，只是将其中的一个电感元件换成石英晶体谐振器。如图 4 - 17(a) 所示为皮尔斯振荡器，也称"cb 型振荡器"；如图 4 - 17(b) 所示为密勒振荡器，也称"be 型振荡器"或"gd 型振荡器"。

如图 4 - 17(a) 所示的皮尔斯振荡器，在原理上与克拉泼电路类似，但是石英晶体的 C_q 很小，因而对应回路的品质因数（Q_q）极高，外电路中的不稳定参数对振荡电路的影响就会很小，从而提高了回路的标准性。该电路的振荡频率（f_0）主要由石英晶振的参数决定，即

$$f_0 = \frac{1}{2\pi\sqrt{L_q\dfrac{C_q(C_q+C_L)}{C_q+C_0+C_L}}} = f_s\sqrt{1+\frac{C_q}{C_0+C_L}} \qquad (4-20)$$

式中，C_L 是与晶振两端并联的外电路各电容（C_1,C_2 及其他杂散电容）的等效值。既然石英晶振的参数具有高度的稳定性，那么振荡频率 f_0 也就很稳定。

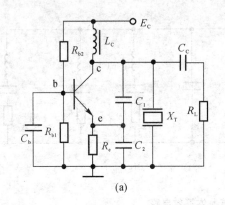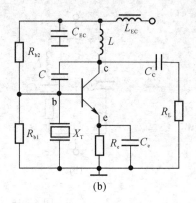

图 4-17　并联型晶体振荡器原理电路

（a）皮尔斯振荡电路；　（b）密勒振荡电路

在实用电路中,一般还须在图 4-17(a) 所示的电路中加入微调电容,用以微调回路的谐振频率,保证电路工作在晶振外壳上所注明的标称频率(f_N)上。由于石英晶体的品质因数(Q值)和特性阻抗($Z_0 = \sqrt{L_q/C_q}$)都很高,所以晶振的谐振电阻也很高,一般可达$10^{10}\ \Omega$以上。这样,即使外电路接入系数很小,该谐振电阻等效到晶体管输出端的阻抗仍然很大,从而使晶体管的电压增益(A)能够满足振幅起振条件的要求。

比较图 4-17(a)(b) 两个电路,如图 4-17(b) 所示的"be 型振荡器"输出信号比较大,但是频率稳定度不如图 4-17(a) 所示的"cb 型振荡器"。因为,皮尔斯振荡器的石英晶体(X_T)并接在等效电阻很高的集电极-基极(c-b)之间,石英晶体的标准性受影响较小;而密勒振荡器的石英晶体(X_T)并接在等效电阻较低的基极-发射极(b-e)之间,标准性受影响较大。所以,在频率稳定度要求较高的电路中,一般都采用皮尔斯(cb 型)振荡器。为了提高"be 型振荡器"的频率稳定度,则可以把晶体管用场效应管代替(见图 4-18(a)),而且在实用电路中一般用极间电容C_{gd}充当电感三点式电路的电容元件(见图 4-18(b))。因为在场应效管中C_{gd}又称为密勒电容,所以如图 4-18(b) 所示的电路通常就被称为是真正的"密勒(Miller)振荡器"。

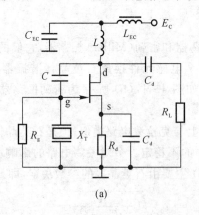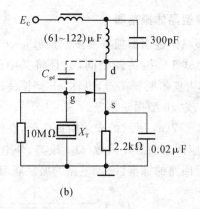

（a）　　　　　　　　　　　　（b）

图 4-18　密勒振荡器

3. 串联型晶体振荡器

在串联型晶体振荡器(见图 4 - 19)中,石英晶体接在振荡器中要求低阻抗的两个节点之间,通常接在正反馈支路中。串联谐振时石英晶体等效为短路元件,电路反馈作用最强,满足振荡电路起振条件,使三点式振荡器在石英晶体串联谐振频率(f_s)上起振。

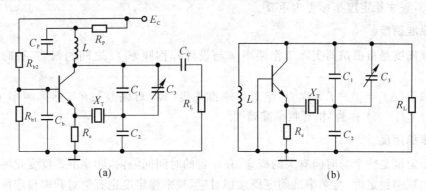

图 4 - 19 串联型晶体振荡器

(a) 实用振荡电路; (b) 等效电路

在图 4 - 19(b) 所示的串联晶体振荡器等效电路中,若将石英晶体(X_T)短路,那么此电路就是一个普通的电容三点式反馈振荡器。若由 L,C_1(C_3),C_2 构成的谐振回路的谐振频率 f_0 距离 f_s 较远,那么石英晶体的阻抗会很大,正反馈减弱,从而不能产生振荡。因此,为了使晶体谐振器工作在串联频率 f_s 上,谐振回路应调谐在此频率附近。

4. 泛音晶体振荡器

在工作频率较高的晶体振荡器中,多采用泛音晶体振荡电路。在泛音晶体振荡电路中,为了保证振荡器能够振荡在所需要的奇次泛音频率 f_k 上,不但要有效地抑制基频和低阶泛音上的寄生振荡,而且必须精心调节电路的环路增益 $|AF|$,使其在泛音频率时也略大于1,从而确保振荡电路工作在此泛音频率上时满足起振条件;在更高阶的泛音频率上 $|AF|$ 都小于1,不满足起振条件。

在实际应用中,可以在三点式振荡器中用一个选频回路来代替某一支路上的电抗元件,使该支路在基频和低阶泛音频率上呈现出的电抗性质而不满足三点式振荡器的元件组成原则,但在所需要的泛音频率上能刚好可以满足元件组成原则,从而确保振荡电路只在需要的泛音频率上振荡。

4.3 频率稳定度分析

振荡器在工作过程中,各元器件和振荡环路的参量会因为环境状况改变和多种干扰因素而发生变化,比如温度、湿度、气压和机械形变等都会引导起元器件参数变化,从而导致振荡频率不同程度的变化。为了得到稳定的振荡频率,则需要对频率稳定度进行分析,并找出切实有效的稳频措施。

4.3.1　频率性能要求

对振荡器频率性能的要求,常用频率准确度和频率稳定度来衡量。在这两个指标中,对实际应用而言,频率稳定度指标更为重要。

1. 频率准确度

频率准确度是指振荡器实际工作频率 f 与设计标称频率 f_s 之间的偏差,有时也称之为"频率精度"。

绝对偏差($\Delta f = f - f_s$)称为"绝对频率准确度";绝对偏差 Δf 与标称频率 f_s 的比值($\Delta f / f_s = f / f_s - 1$)称为"相对频率准确度"。

2. 频率稳定度

频率稳定度是一个与时间有关的概念。在一定的时间间隔内,频率准确度变化的最大值称为振荡器的频率稳定度。与频率准确度概念相对应,频率稳定度也有绝对频率稳定度和相对频率稳定度之分。经常用到的是相对频率稳定度,简称"频率稳定度",一般用符号 δ 表示,即

$$\delta = \frac{\max\{|f - f_s|\}}{f_s}\Bigg|_{\Delta T} \tag{4-21}$$

式中　　ΔT——考查频率准确度的时间间隔,根据观测时间的长短,可以将频率稳定度分为长期稳定度、短期稳定度、瞬时稳定度几种;

　　　　$\max\{\cdot\}$——取最大值。

长期频率稳定度一般指 24 h 以上、甚至几个月的时间间隔(ΔT)内的频率相对变化的最大值。这种变化一般由振荡器中元器件的老化而引起。高精度的频率基准、时间基准(天文观测台、国家计时台等),都要采用长期频率稳定度来计量频率源的特性。短期频率稳定度一般是指 24 h 以内,在小时、分钟或秒量级的时间间隔内的频率相对变化的最大值。瞬时频率稳定度一般是指在秒或毫秒量级的时间间隔内的频率相对变化的最大值。瞬时频率稳定度有时也被认为是振荡信号的相位噪声,是高速通信、雷达、导航以及以相位信息为主要处理对象的电子设备的重要指标。频率的瞬时值实际上无法测量,观测得到的频率也仅仅是在某一段时间内的平均值,对此一般要用"阿仑方差"来描述瞬时频率的起伏。

频率的变化是随机的,故频率稳定度是一个随机变量。不同的观测时段和不同的时间间隔,测出的频率稳定度是各不相同的,所以用式(4-21)来表征频率稳定度并不特别合理,在工程应用中常用"均方误差"来表示频率稳定度,即

$$\delta_N = \sqrt{\frac{1}{N}\sum_{k=1}^{N}\left[\left(\frac{\Delta f}{f_s}\right)_k - \overline{\frac{\Delta f}{f_s}}\right]^2} \tag{4-22}$$

式中　　N——测量次数;

　　　　$(\Delta f / f_s)_k$——第 k 次测量所得到的相对频率稳定度($1 \leqslant k \leqslant N$);

　　　　$\overline{\Delta f / f_s}$——$N$ 次测量数据的平均值。

4.3.2　振荡器稳频原理

振荡器频率主要由相位平衡条件 $\varphi = \varphi_A + \varphi_F + \varphi_Z = 0$ 来决定,其中各相位都是频率的函

数。那么,满足相位平衡条件的频率 $\omega = \omega_s$ 就是振荡器的振荡频率,或者说相位平衡条件在 $\omega =$ ω_s 时得到满足,即 $\varphi(\omega_s) = \varphi_A(\omega_s) + \varphi_F(\omega_s) + \varphi_Z(\omega_s) = 0$。由于放大器相移 $\varphi_A(\omega)$ 和反馈网络相移 $\varphi_F(\omega)$ 对频率 ω 的变化相对选频网络的相移 $\varphi_Z(\omega)$ 而不怎么敏感,那么把平衡条件写成 $-[\varphi_A(\omega) + \varphi_F(\omega)] = \varphi_Z(\omega)$ 的形式,并用如图 4-20 所示的两条曲线来地描述这一关系,从而可以很直观地看出,曲线 $\varphi_Z(\omega)$ 与曲线 $-[\varphi_A(\omega) + \varphi_F(\omega)]$ 的交点的横坐标确定出了振荡器的振荡频率 ω_s。因此,凡是能够引起交点变化的因素都会引起振荡频率 ω_s 的变化。

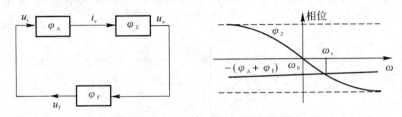

图 4-20 相位平衡条件的图解表示

1. 选频网络谐振频率 ω_0 对振荡频率 ω_s 的影响

一般来说,LC 谐振回路的振荡频率都可以表示为 $\omega_0 = 1/\sqrt{LC}$,对其求微分可以表示为

$$\mathrm{d}\omega_0 = \frac{\partial \omega_0}{\partial L}\mathrm{d}L + \frac{\partial \omega_0}{\partial C}\mathrm{d}C = -\frac{1}{2}\left(\frac{\mathrm{d}L}{C^{1/2}L^{3/2}} + \frac{\mathrm{d}C}{C^{3/2}L^{1/2}}\right) \tag{4-23}$$

经过简单的代换,可以得到

$$\mathrm{d}\omega_0 = -\omega_0\left(\frac{\mathrm{d}L}{L} + \frac{\mathrm{d}C}{C}\right) \qquad \text{或} \qquad \frac{\Delta\omega_0}{\omega_0} \approx -\frac{\Delta L}{2L} - \frac{\Delta C}{2C} \tag{4-24}$$

设电感 L 和电容 C 都减小而引起谐振频率的变化量 $\Delta\omega_0 > 0$(即谐振频率升高),那么选频网络的相频特性曲线 $\varphi_Z(\omega)$ 会沿 $\omega > 0$ 方向平移(见图 4-21)。

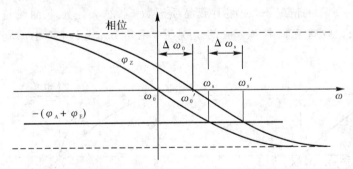

图 4-21 回路谐振频率 ω_0 对振荡频率 ω_s 的影响

当 ω_0 变化至 $\omega_0' = \omega_0 + \Delta\omega_0$ 时,振荡频率也将从 ω_s 变化至 $\omega_s' = \omega_s + \Delta\omega_s$;而且,只要放大器和反馈网络相移 $-[\varphi_A(\omega) + \varphi_F(\omega)]$ 是常值,那么变化量 $\Delta\omega_0$ 与 $\Delta\omega_s$ 两者相等。因此,为了提高频率稳定度,应采取措施使 ω_0 稳定,即保持电感 L 和电容 C 稳定。实际上,要保持电感 L 和电容 C 的稳定是相当困难的,更可行的方法是使两者的变化趋势反向。由式(4-24)可以看出,为了使振荡频率 ω_0 稳定不变,电感 L 和电容 C 的变化应满足关系式

$$\Delta L/L = -\Delta C/C \tag{4-25}$$

也就是说,LC 回路的电感或电容必须有一个是负因素(比如温度)变化系数的。在实际电路中,一般常选择电容为具有负温度系数的瓷介质电容。

2. 回路有载品质因数对振荡频率 ω_s 的影响

谐振回路有载品质因数 Q_L 越大,回路的相频特性曲线 $\varphi_Z(\omega)$ 越陡峭。那么,若 $-[\varphi_A(\omega) + \varphi_F(\omega)]$ 是常值保持不变,当回路的有载品质因数 Q_L 变化到 $Q_L' > Q_L$ 时,由于 $\varphi_Z(\omega)$ 的斜率增大,从而使 $\varphi_Z(\omega)$ 与 $-[\varphi_A(\omega) + \varphi_F(\omega)]$ 的交点左移,相应地振荡频率从 ω_s 变化至 ω_s'(见图 4-22)。因此,为了减小 $\Delta\omega_s = \omega_s' - \omega_s$,应当尽量减小 Q_L 的变化量 $\Delta Q_L = Q_L' - Q_L$。

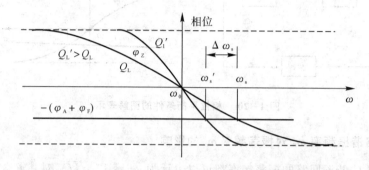

图 4-22　回路有载品质因数 Q_L 对振荡频率 ω_s 的影响

3. 放大器和反馈网络相移变化对振荡频率 ω_s 的影响

当放大器和反馈网络相移发生变化时,$-[\varphi_A(\omega) + \varphi_F(\omega)]$ 曲线将沿纵轴上下移动。如果相移增加,即 $-(\varphi_A + \varphi_F)$ 变化至 $-(\varphi_A + \varphi_F)'$ 且 $|\varphi_A + \varphi_F| < |(\varphi_A + \varphi_F)'|$,那么 $\varphi_Z(\omega)$ 曲线与 $-(\varphi_A + \varphi_F)'$ 曲线的交点将向右移动,即振荡频率 ω_s 变化至 $\omega_s' > \omega_s$(见图 4-23)。因此,为了减小 $\Delta\omega_s = \omega_s' - \omega_s$,应尽量减小相角 $(\varphi_A + \varphi_F)$ 的变化量 $\Delta(\varphi_A + \varphi_F)$。进一步地分析可以看出,在同样 $\Delta(\varphi_A + \varphi_F)$ 的情况下,回路有载品质因数 Q_L 越大,$\varphi_Z(\omega)$ 曲线越陡峭,所产生的 $|\Delta\omega_s| = |\omega_s' - \omega_s|$ 越小;在同样 Q_L 值的情况下,相角 $|\varphi_A + \varphi_F|$ 越小,所产生的 $|\Delta\omega_s| = |\omega_s' - \omega_s|$ 越小。

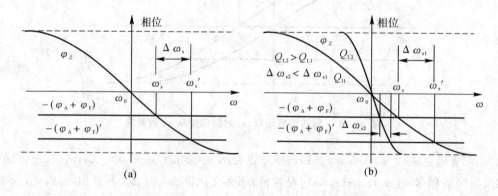

图 4-23　相角 $(\varphi_A + \varphi_F)$ 对振荡频率 ω_s 的影响

(a)相角变化的影响;　(b)相角变化相同时品质因数的影响

因此,要提高 LC 振荡电路的频率稳定度,一方面要减小 $|\Delta\omega_0|$,$|\Delta Q_L|$,$|\Delta(\varphi_A + \varphi_F)|$,

另一方面也要在电路元器件和工艺等几方面采取措施,设法增大回路的有载品质因数 Q_L 和减小相角 $|\varphi_A + \varphi_F|$,以提高振荡回路的稳频能力。

4.3.3 振荡器稳频措施

凡是影响 ω_0,Q_L,$(\varphi_A + \varphi_F)$ 的外部因素都会引起振荡频率的变化($\Delta\omega_s \neq 0$)。常见的外部因素包括温度变化、电源电压变化、振荡器负载变化、机械震动、湿度和气压变化,以及外部电磁环境的影响等。这些因素可通过对回路元器件(L,C)的作用,或通过对晶体管的热状态、工作点及参数的作用,直接或间接地引起振荡频率的不稳定。因此,稳定振荡器频率的措施也可以从三方面入手:

1) 外部措施,减小甚至消除外部因素的变化;

2) 隔离措施,减小外部因素变化对频率的影响;

3) 内部措施,利用各种因素的作用原理及相互之间的矛盾关系,使各种频率变化相互抵消。

在实际工程中,主要从电路设计、元器件筛选和制造工艺上下工夫来稳定频率。常见措施包括:一是提高振荡回路的标准性,也就是提高回路元器件(L,C) 的标准性;二是减小晶体管对振荡频率的影响,选择性能指标比较好的晶体管,或者精心设计电源电路以稳定晶体管的工作点,或者采用相位补偿的方法来减小晶体管放大电路的相移;三是减小负载对频率的影响,常用的方法就是采用缓冲放大器来隔离振荡器与负载。

用电感线圈与电容构成的 LC 反馈振荡器,受到回路标准性的限制,采用上述稳频措施后可以使频率稳定度达到 10^{-4} 左右。若想进一步提高振荡器的频率稳定度,就应该采用其他类型的高稳定度振荡器,比如石英晶体振荡器。与 LC 回路相比,石英晶体谐振器具有很高的标准性和极高的品质因数,使石英晶体振荡器可以获得极高的频率稳定度。采用不同精度的石英晶体和成本不同的稳频措施,石英晶体振荡器可获得高达 $10^{-5} \sim 10^{-9}$ 量级的频率稳定度。

思 考 题

4-1 从正弦振荡的物理过程来说明起振条件、平衡条件和稳定条件的含义。

4-2 画出图 4-13 所示互感耦合振荡电路的等效电路,并指出互感线圈的同名端。

4-3 论述"三端式"振荡电路的基本组成原则。

4-4 分析电容"三端式"振荡电路的改进思路。

4-5 论述振荡器的稳频原理,并在此基础上给出有效的稳频措施。

4-6 请分析如图 4-24 所示的三回路振荡电路在什么情况下可以正常振荡,相应地其振荡频率与各回路谐振频率有何关系?

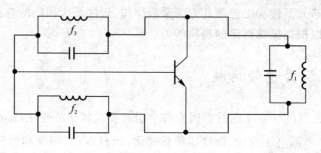

图 4－24　三回路振荡电路

4－7　分析频率准确度与频率稳定度之间的联系与区别，并说明为什么频率稳定度指标在衡
量频率性能要求时更为重要？

第 5 章　模拟调制与解调

利用无线电技术进行信息传输在各个领域都占有重要的地位。无线电通信、广播、电视、导航、雷达和遥控遥测等,都是利用无线电技术来传输各种不同的信息——无线电通信传送语言、电码或其他信号;无线电广播传送语言和音乐;电视传送图像和声音;导航是利用特定的无线电信号指引飞机、导弹或船舶安全航行,以保证它们顺利到达目的地;雷达是利用无线电信号的反射来测定目标(飞机、导弹、卫星、船舶等)距离、方位和速度;遥测遥控则是利用无线电技术来测量远处或运动物体的某些物理量,或者控制远处设备和系统的运行等。在以上这些信息传输的各种方式和工程应用领域,都要用到调制与解调。调制和解调的方式可以分为模拟(或连续波)调制和数字(或脉冲波)调制。模拟调制是用信号来控制载波的振幅、频率或相位,因而分为调幅、调频和调相三种方式;数字调制是先用信号来控制脉冲波的振幅、宽度、位置等,再用这个已调脉冲波对载波进行调制,因而有脉冲振幅、脉宽、脉位、脉冲编码等多种方式。本书只讨论模拟调制,即调幅(AM)、调频(FM)和调相(PM)三种调制方式以及相应的解调技术。

5.1　振幅调制与解调

振幅调制(简称调幅)就是使载波的振幅随调制信号的变化规律而变化从而得到调幅波。调幅波是载波振幅按照调制信号的大小成线性变化的高频振荡,它的载波频率维持不变;也就是说,每一个高频波的周期是相等的,波形的疏密程度均匀一致,与未调制时的载波波形疏密程度相同。在无失真调幅时,已调波的包络波形与调制信号的波形是一致的。

5.1.1　调幅波的数学表示与频谱

为了简化分析,假定调制信号(u_Ω)为简谐振荡信号,即
$$u_\Omega = U_\Omega \cos\Omega t \tag{5-1}$$
其角频率 Ω 通常比载波角频率 ω_c 低很多,用它来对载波信号 $u_c = U_c\cos\omega_c t$ 进行振幅调制。在理想情况下,已调波的振幅为
$$U_{AM}(t) = U_c + k_A U_\Omega \cos\Omega t \tag{5-2}$$
式中　k_A——振幅调制的比例常数。

1. 调幅波的波形

把载波信号的振幅用式(5-2)替换,得到振幅调制的已调波 $u_{AM}(t)$ 为
$$u_{AM}(t) = (U_c + k_A U_\Omega\cos\Omega t)\cos\omega_c t = U_c(1 + m_A\cos\Omega t)\cos\omega_c t \tag{5-3}$$
式中　m_A——调幅指数(Amplitude Modulation Factor)或调幅度或调幅深度,通常以百分数

来表示,即

$$m_A = (k_A U_\Omega / U_c) \times 100\%$$

调幅指数 m_A 的正常取值范围是 0(未调幅)～100%(百分之百调幅);在工程中 m_A 一定不能超过 100%,否则会引起严重的包络失真。如图 5-1 所示给出了当 $m_A = 0, 20\%, 50\%, 80\%,$ 100%, 120% 时的已调波形;可以看出,当 $m_A > 100\%$ 时,出现了过量调制(Over Modulation),这时已调波经过检波后已不能恢复出原来调制信号的波形,而且它所占据的频带较宽,将会对其他设备产生干扰。

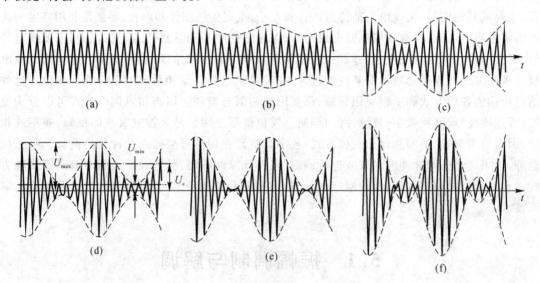

图 5-1 不同调幅指数时的已调波形

(a)$m_A = 0$; (b)$m_A = 20\%$; (c)$m_A = 50\%$;

(d)$m_A = 80\%$; (e)$m_A = 100\%$; (f)$m_A = 120\%$

2. 调幅波的频谱

设已调波的包络最大振幅为 U_{max},包络最小振幅为 U_{min}〔见图 5-1(d)〕,那么调制指数 m_A 还可以表示为

$$m_A = \frac{(U_{max} - U_{min})/2}{U_c} = \frac{U_{max} - U_c}{U_c} = \frac{U_c - U_{min}}{U_c} \qquad (5-4)$$

由图 5-1 所示的波形可知,当 $0 < m_A < 1$ 时调幅波不是一个简单的正弦波形。将式(5-3)展开,可得

$$u_{AM}(t) = U_c \cos\omega_c t + \frac{m_A}{2} U_c \cos(\omega_c + \Omega)t + \frac{m_A}{2} U_c \cos(\omega_c - \Omega)t \qquad (5-5)$$

此式说明,由简谐波〔式(5-1)〕调制的振幅调制波由三个不同频率的简谐波组成——第一项是未调幅的载波,第二项是和频或上边频(Upper Sideband)项,第三项是差频或下边频(Lower Sideband)项。后两项显然是由于调制而产生了新的频率($\omega_c + \Omega$)和($\omega_c - \Omega$)。把载波、调制波和已调波的振幅与频率的关系绘于同一图中,得到如图 5-2(a)所示的调幅波频谱图。由于 m_A 最大只能等于 100%,因此边频振幅的最大值不能超过载波振幅的 1/2。

以上讨论的是一个简谐(单音)信号对载波进行调幅的最简单情形,这时只产生两个边频。实际上,通常的调制信号是比较复杂的,含有许多频率(设其最高频率为 $\Omega_{\max}$、最低频率为 $\Omega_{\min}$),由它调制的调幅波中的上边频和下边频就不再只是一个频率,而是由一个频带($\Omega_{\max} - \Omega_{\min}$)组成了所谓的"上边频带"与"下边频带",如图 5-2(b)所示,图中 $g(\Omega)$ 代表调制信号的频谱。显然,调幅波的两个边带的频谱分布相对于载波频率 ω_c 是对称的,实际相当于是调制信号的频谱 $g(\Omega)$ 被搬移到了载波频率 ω_c 附近,成为上边带和下边带。也就是说,调幅过程实际上是一种频谱的线性搬移过程,搬移到新的位置后,除了和频和差频外,并没有出现新的频率,调制信号的频谱形状并没有变化,所以搬移是线性的。

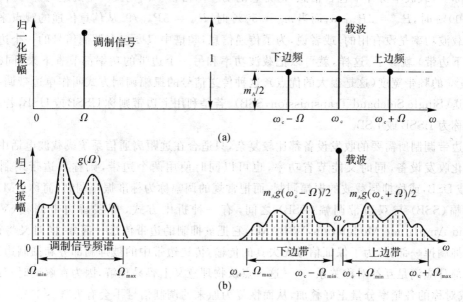

图 5-2　调幅波的频谱

(a) 调制信号为简谐波；　(b) 调制信号为非简谐波

由上面的讨论可知,调幅波所占的频带宽度等于调制信号最高频率的 2 倍(即 $2\Omega_{\max}$)。例如,设最高调制频率为 5 kHz,则调幅波的带宽为 10 kHz。为了避免发射机之间的互相干扰,对不同频段与不同用途的发射机所占频带宽度都有严格的规定。比如,过去广播电台允许占用的频带宽度为 10 kHz,自 1978 年 11 月 23 日起,我国广播电台所允许占用的带宽改为 9 kHz,亦即最高调制频率限制在 4.5 kHz 以内。

3. 调幅波中各频率分量的功率关系

将已调波〔式(5-5)〕送至负载电阻 R 上,则 R 消耗的载波功率 P_{cw} 为

$$P_{cw} = U_c^2/2R \tag{5-6}$$

消耗的上边频功率 P_{USB} 与下边频功率 P_{LSB} 分别为

$$P_{USB} = P_{LSB} = \left(\frac{m_A U_c}{2}\right)^2 \Big/ 2R = \frac{m_A^2}{4}P_{cw} \tag{5-7}$$

于是调幅波在调制信号一个周期内的平均总功率 P_{AM} 为

$$P_{AM} = P_{USB} + P_{LSB} + P_{cw} = P_{cw}(1 + m_A^2/2) \tag{5-8}$$

在未调幅时 $m_A = 0$,故 $P_{AM} = P_{cw}$;在 100% 调幅时 $m_A = 1$,故 $P_{AM} = 1.5P_{cw}$。

由此可知,调幅波的输出功率随 m_A 的增大而增加,所增加的部分就是两个边频的功率

$(m_A^2/4P_{cw})$。由于信号包含在边频带内,因此在振幅调制中应尽可能地提高调制指数 m_A 以增强边带的功率,从而提高无线收发系统传输信号的能力。但是,在实际传送连续波信号(比如语言或音乐)时,平均调制指数往往是很小的。假如,声音最强时能使 m_A 达到 100%,那么声音最弱时 m_A 可能比 10% 还要小。因此,声音信号的平均调幅度大约只有 $20\% \sim 30\%$。这样,发射机的实际有用信号的功率就很小,因而整机效率低。这是振幅调制方式的固有缺点,需要设法加以克服,以提高能量利用效率。

实际上,载波本身并不包含信息,但是它的功率却占整个调幅波功率的绝大部分。例如,当 $m_A = 100\%$ 时,$P_{cw} = 2P_{AM}/3$;而当 $m_A = 50\%$ 时,$P_{cw} = 8P_{AM}/9$。从信息传递的观点来看,这一部分载波功率是没有用的;或者说,为了传递信息,频谱中只要包含调制信号的一个边带(上边带或下边带)就够了。这样,就可以把载波功率和另一个边带的功率都节省下来,同时还能节省 50% 的频带宽度(这是很大的优点)。这种传送信号的振幅调制方式叫作单边带调制或单边带发送(Single Sideband Transmission,SSB)。若是利用上边带则称 USSB 或 USB,若利用下边带则称为 LSSB 或 LSB。

单边带调制所需要的收发设备都比较复杂,只适合在远距离通信系统或载波电话中使用。为了简化收发设备,同时又能节省功率,也可以同时使用两个边带,则称双边带调制,简称 DSSB 或 DSB,或称抑制载波的振幅调制,而把常规的调幅称为标准振幅调制(简称 AM)。在单边带调幅(SSB)与双边带调幅(DSB)之间,有一种折中方式,即残留边带调幅(Vestigal Sideband Amplitude Modulation,VSBAM),它把被抑制的边带传送一部分,同时又将被传送的边带抑制掉一部分,为了保证信号无失真的传输,传送边带中的被抑制部分和抑制边带中的被传送部分应满足互补对称关系 —— 这一点从物理意义上容易理解,因为在解调时与载波频率 ω_c 成对称的各频率分量正好叠加,从而恢复为原来的调制信号不会有失真。

残留边带调幅(VSBAM)信号中包含有载波频率,所以接收比单边带或双边带更容易实现。不过,通常的无线电广播仍是将两个边带和载波都发射出去(即采用 AM 方式),因为 AM 信号的解调(检波)电路十分简单,从而可以简化千家万户所使用的收音机电路而降低它们的造价。关于 SSB,DSB,VSBAM 的更多讨论,请读者自行查阅有关文献。

5.1.2 调幅的实现方法

按照信号的电平(功率)大小,可以将调幅分为低电平调幅(Low - level AM)和高电平调幅(High - level AM)。低电平调幅是在低电平级进行的,需要的调制功率小,属于这类调制的主要方法有平方律调幅(Square - law AM,利用非线性器件伏安特性曲线的平方律部分进行调幅)和斩波调幅(On - off AM,音频调制信号按照载波频率斩波,然后通过中心频率为载波频率的选频网络或带通滤波器取出调幅成分)。高电平振幅调制过程往往在功率放大器(丙类)中实现,比如在第 3 章所提到的集电极(阳极)调幅和基极(控制栅级)调幅。本书讨论平方律调幅实现的两种常见方法,即利用二极管的低电平调幅和利用模拟乘法器的双边带调幅。

1. 二极管低电平调幅

(1) 平方律调幅工作原理。设二极管的非线性特性可以表示为

$$u_o = a_0 + a_1 u_i + a_2 u_i^2 + \cdots + a_n u_i^n + \cdots \tag{5-9}$$

取其包括二次方项的前三项,令输入电压(u_i)为载波与调制信号之和,即

$$u_i = u_c + u_\Omega = U_c\cos\omega_c t + U_\Omega\cos\Omega t \tag{5-10}$$

并将式(5-10)代入式(5-9),即得

$$u_o = a_0 + a_2(U_\Omega^2 + U_c^2)/2 + \qquad\qquad\text{直流项}$$

$$a_1 U_c\cos\omega_c t + \qquad\qquad\text{载波频率}$$

$$a_1 U_\Omega^2\cos\Omega t + \qquad\qquad\text{调制信号基频}$$

$$a_2 U_\Omega U_c[\cos(\omega_c + \Omega)t + \cos(\omega_c - \Omega)t] + \qquad\text{上、下边频}$$

$$a_2 U_c^2\cos2\omega_c t/2 + \qquad\qquad\text{载波二次谐波}$$

$$a_1 U_\Omega\cos\Omega t + \qquad\qquad\text{调制信号基频}$$

$$a_2 U_\Omega^2\cos2\Omega t/2 \qquad\qquad\text{调制信号二次谐波} \tag{5-11}$$

式中,起调幅作用的是($a_2 u_i^2$)项,故称"平方律调幅"。选频或带通滤波后,输出电压为

$$u_o(t) = a_1 U_c\cos\omega_c t + a_2 U_\Omega U_c[\cos(\omega_c + \Omega)t + \cos(\omega_c - \Omega)t] =$$

$$a_1 U_c\cos\omega_c t + 2a_2 U_\Omega U_c\cos\Omega t\cos\omega_c t =$$

$$a_1 U_c\left(1 + \frac{2a_2}{a_1}U_\Omega\cos\Omega t\right)\cos\omega_c t \tag{5-12}$$

其调制制数 $m_A = 2a_2 U_\Omega/a_1$。

由式(5-12)可以得到如下结论:① 调制制数($m_A = 2a_2 U_\Omega/a_1$)的大小由调制信号电压振幅 U_Ω 及调制器的特性曲线(即 a_1,a_2)决定;② 通常 $a_2 \ll a_1$,因此此法所得到的调制指数比较小。非线性电子器件工作于平方律部分,晶体管则应工作于甲类非线性状态,效率不高,所以这种调幅方法主要用于低电平调制。此外,它还可以组成平衡调幅器(Balanced Modulator)以抑制载波,从而产生双边带(DSB)调幅信号。

(2)平衡调幅器。将两个由二极管组成的平方律调幅器对称连接(见图5-3),则构成平衡调幅器,其输出电压只有两个边带(USB,LSB)而没有载波,所以平衡调幅器的输出是抑止载波的调幅信号,即双边带(DSB)信号。

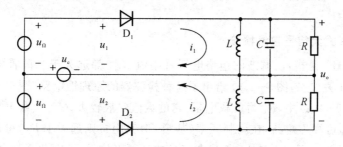

图 5-3　平衡调幅器原理电路

假定两个二极管是完全相同的,即它们的特性曲线可以用同一个平方律多项式来描述,即

$$i_1 = b_0 + b_1 u_1 + b_2 u_1^2, \quad i_2 = b_0 + b_1 u_2 + b_2 u_2^2 \tag{5-13}$$

其中输入电压 u_1 和 u_2 分别为

$$u_1 = u_c + u_\Omega = U_c\cos\omega_c t + U_\Omega\cos\Omega t, \quad u_2 = u_c - u_\Omega = U_c\cos\omega_c t - U_\Omega\cos\Omega t$$

将它们代入式(5-13)并按照所示的电压、电流参考方向,可以求得平衡调幅器的输出电压为

$$u_o(t) = (i_1 - i_2)R = 2R(b_1 u_\Omega + 2b_2 u_c u_\Omega) =$$

$$2R[b_1 U_\Omega \cos\Omega t + b_2 U_c U_\Omega \cos(\omega_c + \Omega)t + b_2 U_c U_\Omega \cos(\omega_c - \Omega)t] \quad (5-14)$$

由式(5-14)可知,平衡调幅器的输出中没有载波分量,只有上、下边带($\omega_c \pm \Omega$)和调制信号频率 Ω(可以被滤除)。

值得指出的是,在以上电路中,假定所有的二极管的特性都相同,电路完全对称,只有这样输出中才能将载波完全抑止。但是,事实上二极管的特性不可能完全相同,所用的变压器也难于做到完全对称,如此就会有载波泄漏到输出电压中去,从而形成载漏(Carrier Leak)。因此,在实际电路中往往要增加平衡调节装置,比如用加有可变电阻器的桥式电路,以使载漏减至最小。从平衡调幅器获得载波被抑止的双边带(DSB)后,再设法滤去一条(上或者下)边带,即可获得单边带(SSB)输出。因此,平衡调幅器是单边带技术中的基本电路。

2. 模拟乘法器调幅

由式(5-3)可知,调幅实际上就是要实现两个信号(调制信号与载波信号)的乘积,所以采用模拟乘法器实现调幅是非常直观而自然的思路。在实际电路中,则常采用模拟集成乘法器。模拟乘法器已在第2章讨论过,这里就不再赘述,有兴趣的读者可以自行设计可以输出 AM 或 DSB 信号的模拟乘法器调幅电路。

5.1.3 调幅信号的解调

解调是调制的逆过程,即从高频已调波中取出调制信号的过程。调幅波的解调又称为检波。从频谱上看,解调也是一种信号频谱的线性搬移过程,即将高频载波端边带信号的频谱移至低端(基频),这种搬移过程刚好与调制的搬移过程相反。因此,凡是能实现频谱线性搬移功能的实用电路均可用于调幅波的解调。调幅波的解调(检波)可以分为两类:一是包络检波,二是同步检波。包络检波是指检波器的输出电压直接反映输入高频已调波包络变化规律的一种检波方式,只适用于普通调幅(AM)波的检波;同步检波主要用于解调双边带和单边带调幅信号。

1. 二极管串联式大信号包络检波

这里的"大信号"是指,已调波的包络电压最小值 U_{min} 都远大于二极管的开启电压,从而使二极管工作于开关状态。图5-4(a)给出了这种检波器的原理性电路,图5-4(b)所示则是它的工作图解。在图5-4(a)中,R_L 为负载电阻,它的数值一般较大;C 为负载电容,在高频时其阻抗幅值远小于 R_L,可视为短路,在调制频率(基频)时其阻抗则远大于 R_L,可视为开路。由于输入的高频已调信号的电压 u_{AM} 较大,负载电容 C 的高频阻抗很小,因此高频电压大部分加到二极管 D 上。

在高频信号正半周,二极管导通并对电容器 C 充电。二极管导通时的内阻很小,所以充电电流 i_D 很大,充电方向如图5-4(a)所示,使电容器 C 上的电压 u_C 在很短时间内就接近高频电压一个周期内的最大值 u_{AMmax}。电压 u_{AMmax} 建立后通过信号源电路(u_{AM}),反向加到二极管 D 的两端。此时,二极管 D 是否导通,就由电容器 C 上的电压 u_C 和输入信号电压 u_{AM} 共同决定。当高频电压由一个周期内的最大值 u_{AMmax} 下降到小于电容器上的电压 u_C 时,二极管 D 截止,电容器 C 就会通过负载电阻 R_L 放电。由于放电时间常数($R_L C$)远大于高频电压 u_{AM} 的周期($2\pi/\omega_c$),

故放电很慢。当电容器上的电压 u_C 下降不多时,高频的下一个正半周电压又超过二极管 D 上的负压,使二极管再次导通。在图 5-4(b) 中 t_1 到 t_2 的时间即为二极管 D 导通时间,又对电容器 C 充电,电压 u_C 又迅速接近下一周期内高频电压的最大值。

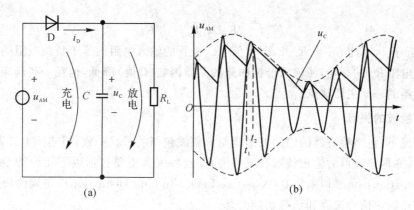

图 5-4   二极管包络检波器原理电路及工作波形
(a) 原理电路;   (b) 工作波形

如此不断循环往复地充电放电,就得到图 5-4(b) 中电压 u_C 的齿状波形。只要适当选择放电时间常数 ($R_L C$) 和二极管的 R_d (二极管导通时的内阻),以使充电时间常数 ($R_d C$) 足够小、充电很快,而放电时间常数 ($R_L C$) 足够大、放电很慢 ($R_d C \ll R_L C$),就可使电容 C 两端的电压 u_C 的幅度与输入电压 u_{AM} 包络幅度相当接近(即传输系数接近 1)。虽然电压 u_C 有些起伏不平(锯齿形),但因正向导电时间很短,放电时间常数又远大于高频电压周期 ($2\pi/\omega_c$),放电时 u_C 基本不变,所以输出电压 u_C 的起伏很小,可以近似认为与高频调幅波包络基本一致。所以,二极管大信号包络检波又叫作峰值包络检波(Peak Envelope Detection)。由此可见,大信号的检波过程,主要是利用二极管的单向导电特性实现对检波负载 ($R_L C$) 的充电、放电过程。

2. 包络检波器的电压传输系数与输入电阻

检波器电压传输系数 K_d 又称"检波效率",定义为

$$K_d = U_\Omega / m_A U_c = \cos\theta_d \tag{5-15}$$

式中 U_Ω —— 检波器的基波(音频或调制信号)输出电压;

U_c —— 调幅波的载波电压幅值;

θ_d —— 二极管的电流导通角,其值约为 $\theta_d \approx (3\pi R_d/R_L)^{1/3}$。

可以看出,二极管串联大信号检波的电压传输系数 K_d 是不随信号电压而变化的常数,仅取决于二极管内阻 R_d 与负载电阻 R_L 的比值。当电阻 $R_L \gg R_d$ 时,$\theta_d \to 0$,$\cos\theta_d \approx 1$,即检波效率 K_d 接近于 1,这是包络检波的一个主要优点。

检波器的等效输入电阻 (R_{id}) 定义为

$$R_{id} = U_c / I_{c1} \tag{5-16}$$

式中 I_{c1} —— 输入高频电流的基波(载频)振幅。

由于二极管电流 i_D(见图 5-4)只在高频信号电压为正峰值的一小段时间内通过二极管,电流导通角 θ_d 很小,因此它的基频电流振幅为

$$I_{c1} = \frac{1}{\pi}\int_{-\pi}^{\pi} i_D\cos(\omega_c t)\,d(\omega_c t) \approx \frac{1}{\pi}\int_{-\pi}^{\pi} i_D\,d(\omega_c t) = 2I_0 \tag{5-17}$$

式中　I_0——检波器平均(直流)电流。

另一方面,负载 R_L 两端的平均电压为 $K_d U_c$,因此平均电流 $I_0 = K_d U_c/R_L$,代入式(5-17)与式(5-16),即得

$$R_{id} = \frac{U_c}{2K_d U_c/R_L} = \frac{R_L}{2K_d} \tag{5-18}$$

通常 K_d 接近于 1,因此 $R_{id} \approx R_L/2$,即大信号二极管的输入电阻约等于负载电阻的一半。由于二极管输入电阻 R_{id} 的影响,使输入谐振回路的品质因数(Q值)降低,消耗一些高频功率。这是二极管检波器的一个主要缺点。

3. 包络检波的失真

理想情况下,包络检波器的输出波形应与调幅波包络的形状一致,但实际上二者之间总会有一些差别,亦即检波器的输出波形有某些失真。这些失真主要包括以下几种类型:惯性失真(Inertia Distortion)、负峰切割失真(Negative Peak Clipping Distortion)、非线性失真、频率失真。下面,重点讨论惯性失真和负峰切割失真。

(1)惯性失真(对角线切割失真)。惯性失真只会发生在调幅波包络下降的时段内,主要是由于负载电阻 R_L 与负载电容 C 的时间常数($R_L C$)太大而所引起的,此时电容 C 上的电荷不能很快地随调幅波包络变化,于是导致电压 u_C 跟不上调幅波包络的变化(见图 5-5)。

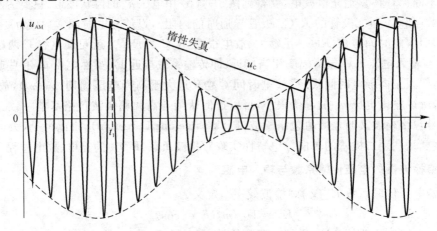

图 5-5　二极管检波器惯性失真波形

这种失真,由于时间常数($R_L C$)太大,在图 5-5 中 t_1 时间之后输入信号电压 u_{AM} 总是低于电容 C 上的电压 u_C,二极管始终处于截止状态,输出电压 u_C 不受输入信号电压 u_{AM} 的控制,而是取决于($R_L C$)的放电,只有当输入信号电压的振幅重新超过输出电压时,二极管才重新导通。这一失真过程是由于电路($R_L C$)放电的惯性太大而引起的,所以称为"惯性失真"。为了防止惯性失真,就需要适当选择($R_L C$)的值使电容放电过程加快并能跟上高频信号电压包络的变化就可以了。

设调制信号频率(基频)为 Ω,那么包络检波器的不失真的条件为

$$R_L C \Omega < \sqrt{1-m_A^2}/m_A \tag{5-19}$$

关于包络检波器惯性失真条件的详细推导请参阅有关文献,有兴趣的读者也可以根据上述原理自行推导。由于实际的调制信号(基带信号)有一定的带宽,所以只要保证基带信号的最高

频率 $\Omega_{\max}$ 不失真,那么其他低于该频率的信号在检波时也就不会失真,所以包络检波不失真的条件应改写为

$$R_{\mathrm{L}}C\Omega_{\max} < \sqrt{1 - m_{\mathrm{A}}^2}/m_{\mathrm{A}} \tag{5-20}$$

式中　m_{A}——振幅调制信号的调制系数;

　　　$\Omega_{\max}$——调制信号(基带信号)的最大调制角频率。

从式(5-20)可以看出:调制系数 m_{A} 越大,则放电时间常数($R_{\mathrm{L}}C$)应选择得越小。因为 m_{A} 越大,高频信号的包络变化就越快,所以时间常数($R_{\mathrm{L}}C$)要小一些,输出电压 u_{C} 才能跟上包络的变化;同样地,基带信号的最高调制角频率 $\Omega_{\max}$ 增大也就意味着高频信号包络的变化加快,所以时间常数($R_{\mathrm{L}}C$)也应相应缩短。比如,当 $m_{\mathrm{A}} = 0.8$ 时,要求 $R_{\mathrm{L}}C\Omega_{\max} < 0.75$。实际应用中对应最高调制角频率 $\Omega_{\max}$ 的调制系数 m_{A} 基本上都小于 0.7,所以在工程上可按 $R_{\mathrm{L}}C\Omega_{\max} < (1.0 \sim 1.5)$ 来估算。

(2)负峰切割失真(底部切割失真)。包络检波器输出电压 u_{C} 中包含有直流成分,在输入下一级电路(如低频放大器)时要通过耦合(隔直)电容 C_{D} 与下一级电路相连,如图 5-6(a)所示,其中电阻 R_{i2} 代表下一级电路或低频放大器的输入电阻。

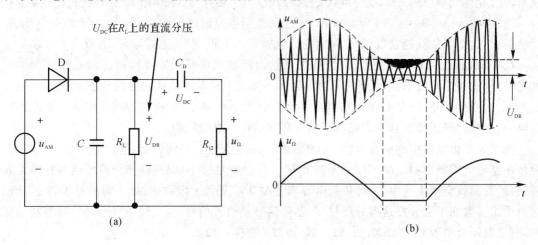

图 5-6　基带信号输出及底部切割失真波形

(a)基带信号输出;　(b)负峰切割波形

为了通低频信号,隔直电容 C_{D} 的值很大,对于基带信号(音频)而言可以认为是短路的,此时包络检波器交流负载电阻 R_{Ω} 可以表示为 R_{L} 与 R_{i2} 的并联,即

$$R_{\Omega} = \frac{R_{\mathrm{L}}R_{\mathrm{i2}}}{R_{\mathrm{L}} + R_{\mathrm{i2}}} < R_{\mathrm{L}} \tag{5-21}$$

显然,检波器的直流负载电阻 R_{L} 与交流负载电阻 R_{Ω} 不同,此时若调制系数 m_{A} 又很大的话,就很容易产生负峰切割失真,它表现为检波器输出基带(音频)信号的负峰被限幅或称底部切割,如图 5-6(b)所示。

在稳定状态下,隔直电容 C_{D} 因充电完成后有一个直流电压 U_{DC},其大小近似等于输入高频电压的振幅 U_{c}。由于 C_{D} 的容量较大,在基带信号(音频)的一周期内,其上电压 U_{DC} 基本不变,所以可以把它看作是一个直流电源。它被电阻 R_{L} 和 R_{i2} 分压(见图5-6(a))而在电阻 R_{L} 上产生分压 U_{DR} 为

$$U_{\mathrm{DR}} = \frac{R_{\mathrm{L}}}{R_{\mathrm{L}} + R_{i2}} U_{\mathrm{DC}} \approx \frac{R_{\mathrm{L}}}{R_{\mathrm{L}} + R_{i2}} U_{\mathrm{c}} \tag{5-22}$$

该电压对二极管 D 而言是负向的,即是一个反偏电压 U_{DR}。

当输入调幅波 u_{AM} 的调制指数 m_{A} 较小时,电压 U_{DR} 不致影响二极管的正常工作;当调制指数 m_{A} 较大时,输入调幅波包络的负半周可能低于 U_{DR}(见图 5-6(b) 上图),那么在这期间二极管将截止,直至输入调幅波包络负半周变到大于 U_{DR} 时二极管才能恢复正常工作,于是就产生了如图 5-6(b) 下图所示的波形失真,即将输出低频电压负峰切割。

由式(5-22)可以看出,下级放大器输入电阻 R_{i2} 越小,分压 U_{DR} 越大,则越容易这产生这种底部切割失真。此外,调制指数 m_{A} 越大,则调幅波振幅($m_{\mathrm{A}}U_{\mathrm{c}}$)越大,也容易产生这种失真。那么,要防止这种失真,则要求

$$U_{\mathrm{c}} - m_{\mathrm{A}}U_{\mathrm{c}} > U_{\mathrm{DR}} \qquad \text{或} \qquad U_{\mathrm{c}} - m_{\mathrm{A}}U_{\mathrm{c}} > U_{\mathrm{c}}R_{\mathrm{L}}/(R_{\mathrm{L}} + R_{i2})$$

所以得到避免负峰切割失真的条件为

$$1 - m_{\mathrm{A}} > \frac{R_{\mathrm{L}}}{R_{\mathrm{L}} + R_{i2}} \qquad \text{或} \qquad m_{\mathrm{A}} < \frac{R_{i2}}{R_{\mathrm{L}} + R_{i2}} = \frac{R_{\Omega}}{R_{\mathrm{L}}} \tag{5-23}$$

显然,为了消除负峰切割失真,就应该对交流负载电阻 R_{Ω} 和直流负载电阻 R_{L} 之间提出差别要求。

当取 $m_{\mathrm{A}} = (0.8 \sim 0.9)$ 时,R_{Ω} 和 R_{L} 之间差别不应超过 $10\% \sim 20\%$。直流负载电阻 R_{L} 之值越大,这个条件就越难以满足。同时考虑到惰性失真的问题,通过取 R_{L} 的值为 $5 \sim 10 \ \mathrm{k\Omega}$。

(3)非线性失真和频率失真。非线性失真是由检波二极管伏安特性曲线的非线性所引起的,这时检波器的输出基频(低频或音频)电压不能完全和调幅波的包络成正比。但是,如果负载电阻 R_{L} 选得足够大,则检波二极管的非线性特性影响越小,它所引起的非线性失真即可以忽略,只不过此时还要综合考虑底部切割失真和惰性失真的问题。

频率失真由电路中的耦合电容 C_{D} 和负载(滤波)电容 C 共同引起。耦合电容 C_{D} 主要影响检波的基带下限频率 $\Omega_{\min}$,即 C_{D} 的阻抗相对于 $\Omega_{\min}$ 要足够小,以使这部分信号能够几乎无衰减通过,否则就会产生频率失真。负载电容 C 主要影响基带上限频率 $\Omega_{\max}$,即相对于 $\Omega_{\max}$ 其阻抗也要足够大而不会旁路这部分信号。当基带信号是语音信号时,上述条件还是比较容易满足的,一般取隔直电容 C_{D} 为几微法,取负载(滤波)电容 C 约为 $0.01 \ \mu\mathrm{F}$。

4. 同步检波

同步检波器用于对载波被抑止的双边带(DSB)或单边带(SSB)信号进行解调。它的特点是必须外加一个频率和相位都与被抑止的载波相同的电压。同步检波(Synchronous Detection)的名称即由此而来,亦称为"相干(Coherent)检波"或"零差(Homodyne)检波"。本地载波信号加入同步检波器的方式可以有两种:一是将它与接收信号相乘,经低通滤波器后检出原调制信号(乘积型检波);另一种是将它与接收信号相加,经包络检波器后取出原调制信号(叠加型检波)。

(1)乘积型检波。乘积型同步检波是直接把本地恢复的解调载波与接收信号相乘,然后用低通滤波器将低频信号提取出来,其基本原理框图如图 5-7 所示。设输入信号为双边带(DSB)信号,即

$$u_{\mathrm{DSB}}(t) = U_{\Omega}(t)\cos\omega_{\mathrm{c}}t = \sum_{k=k_{\min}}^{k_{\max}} U_{ik}\cos\Omega_k t \cos\omega_{\mathrm{c}}t \tag{5-24}$$

本地解调载波 $u_{\mathrm{r}}(t) = U_{\mathrm{r}}\cos(\omega_{\mathrm{r}}t + \phi)$。设乘法器系数为 K_{M},那么两个信号相乘得

$$u_o(t) = \frac{K_M}{2}\sum_{k=k_{min}}^{k_{max}} U_{ik}\cos\Omega_k t \cdot \{\cos[(\omega_r - \omega_c)t + \phi] + \cos[(\omega_r + \omega_c)t + \phi]\} \quad (5-25)$$

若本地解调载波频率 $\omega_r = \omega_c$、相位 $\phi = 0$，那么上式就可以写成

$$u_o(t) = \frac{K_M}{2}\sum_{k=k_{min}}^{k_{max}} U_{ik}\cos\Omega_k t(1 + \cos 2\omega_c t) \quad (5-26)$$

经低通滤波器输出解调的基带（调制）信号为

$$u_\Omega(t) = \frac{K_M K_{LP}}{2}\sum_{k=k_{min}}^{k_{max}} U_{ik}\cos\Omega_k t = \frac{K_M K_{LP}}{2}u_\Omega(t) = KU_\Omega(t) \quad (5-27)$$

式中　K_{LP}——低通滤波器通带传输系数；

K——乘积型检波器电压传输系数。

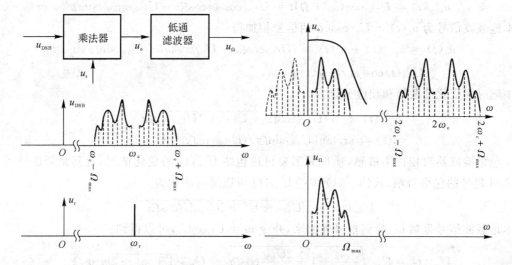

图 5-7　乘积型同步检波器原理框图和信号频谱

若本地解调载波 $\omega_r \neq \omega_c$、相位 $\phi \neq 0$，令 $\Delta\omega = \omega_r - \omega_c$，那么低通滤波器输出解调的基带信号为

$$u_\Omega(t) = K\cos(\Delta\omega t + \phi)\sum_{k=k_{min}}^{k_{max}} U_{ik}\cos\Omega_k t = \cos(\Delta\omega t + \phi)KU_\Omega(t) \quad (5-28)$$

由此可以看出：

1) 若本地载波与发射载波同频同相($\omega_r = \omega_c$，$\phi = 0$)，则 $u_\Omega(t) = KU_\Omega(t)$，检波器能够无失真地将调制信号恢复出来，此时各信号频谱关系如图 5-7 所示。

2) 若本地载波与调制载波有一定的频差($\omega_r \neq \omega_c$，$\phi = 0$)，则同步检波器输出会有振幅失真，即 $u_\Omega(t) = \cos\Delta\omega t KU_\Omega(t)$；

3) 若本地载波与调制载波同频但有一定的相位差($\omega_r = \omega_c$，$\phi \neq 0$)，则同步检波器输出的解调信号中会引入一个振幅衰减因子 $\cos\phi$，即 $u_\Omega(t) = (K\cos\phi)U_\Omega(t)$。如果相差 ϕ 随时间变化则同样会引起振幅失真；特别地，若 $\phi = \pi/2$ 则有 $\cos\phi = 0$，那么检波器没有输出。

因此，乘积型检波器要求本地解调载波与发端载波同频同相($\omega_r = \omega_c$，$\phi = 0$)，否则将会使恢复出来的调制信号 u_Ω 产生失真。

（2）叠加型同步检波器。叠加型同步检波是在双边带（DSB）或单边带（SSB）信号中插入本

地载波,使其成为(或近似为)标准调幅(AM)信号,再利用包络检波器将基带(调制)信号恢复出来(见图 5-8)。对 DSB 信号而言,只要加入的恢复载波电压在数值上满足一定的关系,就可得到一个不失真的 AM 波。下面重点讨论单边带(SSB)信号的叠加型同步检波。

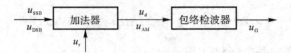

图 5-8 叠加型同步检波原理框图

设输入信号为单频(简谐波 $\cos\Omega t$)调制的上边带信号(USB;下边带 LSB 信号原理相同,请读者自行推导)为

$$u_{\text{USB}}(t) = U_{\text{USB}}\cos(\omega_c + \Omega)t = U_{\text{USB}}\cos\omega_c t\cos\Omega t - U_{\text{USB}}\sin\omega_c t\sin\Omega t \qquad (5-29)$$

设本地载波信号为 $u_r(t) = U_r\cos\omega_c t$,两信号相加得

$$u_d(t) = u_{\text{USB}}(t) + u_r(t) = (U_{\text{USB}}\cos\Omega t + U_r)\cos\omega_c t - U_{\text{USB}}\sin\Omega t\sin\omega_c t =$$
$$U_{\text{dm}}(t)\cos[\omega_c t + \phi(t)] \qquad (5-30)$$

其中随时间变化的振幅和相位分别为

$$\left.\begin{array}{l} U_{\text{dm}}(t) = \sqrt{(U_{\text{USB}}\cos\Omega t + U_r)^2 + (U_{\text{USB}}\sin\Omega t)^2} \\ \phi(t) = \arctan[U_{\text{USB}}\sin\Omega t/(U_{\text{USB}}\cos\Omega t + U_r)] \end{array}\right\} \qquad (5-31)$$

包络检波器对相位不敏感,所以只需要讨论包络 $U_{\text{dm}}(t)$ 的变化情况,看其是否能够近似为 AM 信号的包络振幅。式(5-31)中的 $U_{\text{dm}}(t)$ 可以进一步化为

$$U_{\text{dm}}(t) = \sqrt{U_{\text{USB}}^2 + U_r^2 + 2U_{\text{USB}}U_r\cos\Omega t}$$

把本地载波信号振幅 U_r 提到根号外面来,并令 $m = U_{\text{USB}}/U_r$,可以得到

$$U_{\text{dm}}(t) = U_r\sqrt{\frac{U_{\text{USB}}^2}{U_r^2} + 1 + \frac{2U_{\text{USB}}}{U_r}\cos\Omega t} = U_r\sqrt{1 + m^2 + 2m\cos\Omega t} \qquad (5-32)$$

当 $U_r \gg U_{\text{USB}}$ 时,有 $m = U_{\text{USB}}/U_r \ll 1$,那么 m^2 是一个高阶无穷小量,于是式(5-32)可以近似表示为

$$U_{\text{dm}}(t) \approx U_r\sqrt{1 + 2m\cos\Omega t} \approx U_r(1 + m\cos\Omega t) \qquad (5-33)$$

那么式(5-31)也就可以近似表示为

$$u_d(t) \approx U_r(1 + m\cos\Omega t)\cos[\omega_c t + \phi(t)] \qquad (5-34)$$

显然这是一个 AM 信号,可以利用包络检波器解调出基带(调制)信号 $\cos\Omega t$。

当然,同步检波也可以用来解调标准调幅(AM)信号,把其中的载波信号取出(比如采用谐振放大器)后作为本地载波信号 $u_r(t) = U_r\cos\omega_c t$,可以很容易地满足同频同相的要求。所以,利用同步检波器解调 AM 信号是很受易实现的。

5.2 角度调制与解调

角度调制(简称调角)是频率调制和相位调制的总称,因为在函数(载波信号)$U_{\text{cm}}\cos(\omega_c t + \varphi)$ 中的 $(\omega_c t + \varphi)$ 表示的是一个随时间变化的角度,用基带信号(调制信号)去控制载波信号的频率(ω_c) 和相位(φ) 使其按基带信号 $u_\Omega(t)$ 的规律变化,实际上就是对角度($\omega_c t + \varphi$) 进行调制。

频率调制(Frequency Modulation,FM) 简称调频,就是用调制信号电压 $u_\Omega(t)$ 线性地控制高频载波信号的角频率 ω_c,使已调波的角频率与调制信号电压成线性关系,即

$$\omega_F(t) = \omega_c + k_F u_\Omega(t) = \omega_c + k_F \sum_{n=N_{\min}}^{N_{\max}} U_{\Omega n}\cos(\Omega_n t) \qquad (5-35)$$

相位调制(Phase Modulation,ΦM) 简称调相,就是用调制信号 $u_\Omega(t)$ 线性地控制高频载波信号的相位角($\omega_c t + \varphi$),使已调波的相位角与调制信号成线性关系,即

$$\varphi_\Phi(t) = \omega_c t + k_\Phi u_\Omega(t) = \omega_c t + k_\Phi \sum_{n=N_{\min}}^{N_{\max}} U_{\Omega n}\cos(\Omega_n t) \qquad (5-36)$$

其中 k_F, k_Φ 都是比例常数。本节先讨论调角信号的波形和频谱,然后简要介绍调角信号的实现电路与解调原理和方法,最后分析一下调频系统中的干扰问题。

5.2.1　角度调制信号的波形

调频信号与调相信号在波形和频谱上并没有特别明显的区别,下面采用对比的方式来讨论调频信号和调相信号在数学表达式和波形上的细微不同,然后再统一讨论调角信号的频谱特征。

1. 调频信号的数学表示及波形

在下面的讨论中,都设载波信号为 $u_c(t) = U_{cm}\cos\omega_c t$,如图 5-9(a) 所示。对于任意的低频调制(基带) 信号 $u_\Omega(t)$ 而言〔见图 5-9(b)〕,调频(FM) 信号的瞬时频率 $\omega_F(t)$ 可以用式(5-35) 来表示,那么 FM 信号的瞬时相位角 $\varphi_F(t)$ 为

$$\varphi_F(t) = \int_0^t \omega_F(t)\mathrm{d}t = \int_0^t [\omega_c + k_F u_\Omega(t)]\mathrm{d}t = \omega_c t + \int_0^t \Delta\omega(t)\mathrm{d}t = \omega_c t + \Delta\varphi(t) \quad (5-37)$$

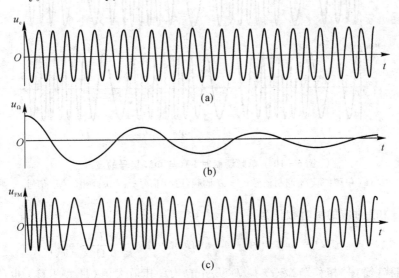

图 5-9　频带信号调制的调频(FM) 信号波形

(a) 载波信号;　(b) 调制信号;　(c) 调频(FM) 信号

于是，调频（FM）信号的数学表示可以写为

$$u_{FM}(t) = U_{cm}\cos[\varphi_F(t)] = U_{cm}\cos\left[\omega_c t + k_F \int_0^t u_\Omega(t)dt\right] = U_{cm}\cos[\omega_c t + \Delta\varphi(t)] \quad (5-38)$$

对应的 FM 信号波形如图 5-9(c) 所示。

其中，$\Delta\omega(t) = k_F u_\Omega(t)$ 与调制信号 $u_\Omega(t)$ 成正比，可以看成是瞬时频率 $\omega_F(t)$ 相对于载波频率（ω_c）的偏移，叫作"瞬时角频率偏移"，简称"角频偏"；对应地，$\Delta\varphi(t)$ 称为"瞬时相位偏移"（简称"相移"），它是频偏的积分；比例常数 k_F 称为"调频灵敏度"，其单位为"rad/(V·s)"或"(2π)·Hz/V"。如图 5-9(b) 所示的调制信号 $u_\Omega(t)$ 是一个频带信号，包含有多个频率，即

$$u_\Omega(t) = \sum_{n=N_{min}}^{N_{max}} U_{\Omega n}\cos(\Omega_n t) \quad (\Omega_{max} \ll \omega_c) \quad (5-39)$$

由此得到的 FM 信号波形直观上不易看出 FM 信号的特性，如图 5-9(c) 所示。

为了方便分析和理解 FM 信号的特性，取调制信号式(5-39)中的一个频率分量 $u_\Omega(t) = U_\Omega\cos\Omega t$ 作为调制信号（见图 5-10(a)），于是 FM 信号瞬时频率为

$$\omega_F(t) = \omega_c + k_F U_\Omega\cos\Omega t \quad (5-40)$$

其对应的角频偏 $\Delta\omega(t) = k_F U_\Omega\cos\Omega t$，用 $\Delta\omega_m$ 表示其最大值（最大角频偏），即

$$\Delta\omega_m = |\Delta\omega(t)|_{max} = |k_F u_\Omega(t)|_{max} = |k_F U_\Omega\cos\Omega t|_{max} = k_F U_\Omega \quad (5-41)$$

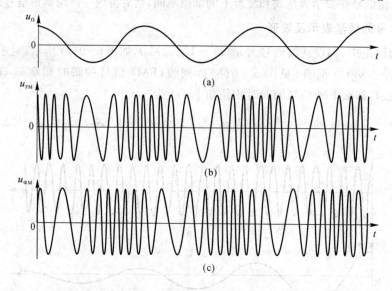

图 5-10　单频调制时 FM 与 ΦM 信号的波形

(a) 单频（简谐）调制信号；　(b) 调频（FM）信号；　(c) 调相（ΦM）信号

与式(5-40)对应的瞬时相位为

$$\varphi_F(t) = \omega_c t + k_F U_\Omega\int_0^t\cos\Omega t\,dt = \omega_c t + \frac{k_F U_\Omega}{\Omega}\sin\Omega t \quad (5-42)$$

于是，相位偏移（简称"相移"）$\Delta\varphi(t) = k_F U_\Omega\sin\Omega t/\Omega$，其最大值（最大相移）也称为"调频指数"（常用 m_F 表示），即有

$$m_F = |\Delta\varphi(t)|_{max} = \frac{k_F U_\Omega}{\Omega}|\sin\Omega t|_{max} = \frac{k_F U_\Omega}{\Omega} \quad (5-43)$$

因此,当调制信号为简谐(单一频率 Ω)信号时,FM 信号可以表示为

$$u_{\mathrm{FM}}(t) = U_{\mathrm{cm}}\cos\left[\omega_{\mathrm{c}}t + k_{\mathrm{F}}\int_0^t u_{\Omega}(t)\mathrm{d}t\right] = U_{\mathrm{cm}}\cos\left(\omega_{\mathrm{c}}t + \frac{k_{\mathrm{F}}U_{\Omega}}{\Omega}\sin\Omega t\right) =$$
$$U_{\mathrm{cm}}\cos(\omega_{\mathrm{c}}t + m_{\mathrm{F}}\sin\Omega t) \tag{5-44}$$

其对应的 FM 波形图如图 5-10(b) 所示。

2. 调相信号的数学表示及波形

用低频调制(基带)信号 $u_{\Omega}(t)$ 控制载波 $u_{\mathrm{c}}(t) = U_{\mathrm{cm}}\cos\omega_{\mathrm{c}}t$ 的相位,使相位随调制信号的幅值线性变化,而载波振幅保持不变,即得到相位调制信号,简称"调相信号"。类似地,设式 (5-36) 中的调制信号 $u_{\Omega}(t)$ 为单频信号 $u_{\Omega}(t) = U_{\Omega\mathrm{m}}\cos\Omega t$,那么调相(ΦM) 信号的瞬时相位 $\varphi_{\Phi}(t)$ 可以表示为

$$\varphi_{\Phi}(t) = \omega_{\mathrm{c}}t + k_{\Phi}u_{\Omega}(t) = \omega_{\mathrm{c}}t + \Delta\varphi(t) = \omega_{\mathrm{c}}t + k_{\Phi}U_{\Omega\mathrm{m}}\cos\Omega t = \omega_{\mathrm{c}}t + m_{\Phi}\cos\Omega t \tag{5-45}$$

瞬时相移 $\Delta\varphi(t)$ 的最大值(最大相移)称为"调相指数"(常用 m_{Φ} 表示),即

$$m_{\Phi} = |\Delta\varphi(t)|_{\max} = k_{\Phi}U_{\Omega\mathrm{m}} \tag{5-46}$$

其中 $k_{\Phi} = m_{\Phi}/U_{\Omega\mathrm{m}} = |\Delta\varphi(t)|_{\max}/U_{\Omega\mathrm{m}}$ 称为"调相灵敏度",它表示调制信号的单位振幅所引起的相位偏移,故其单位为 rad/V(或 °/V)。于是,当调制信号 $u_{\Omega}(t)$ 为单频(简谐) 信号时可以将调相(ΦM) 信号的数学表示写为

$$u_{\Phi\mathrm{M}}(t) = U_{\mathrm{cm}}\cos[\varphi_{\Phi}(t)] = U_{\mathrm{cm}}\cos[\omega_{\mathrm{c}}t + k_{\Phi}u_{\Omega}(t)] =$$
$$U_{\mathrm{cm}}\cos[\omega_{\mathrm{c}}t + k_{\Phi}U_{\Omega\mathrm{m}}\cos\Omega t] = U_{\mathrm{cm}}\cos[\omega_{\mathrm{c}}t + m_{\Phi}\cos\Omega t] \tag{5-47}$$

对应的调相波形如图 5-10(c) 所示。由调相信号的瞬时相位(式(5-45))可以得到其瞬时频率 $\omega_{\Phi}(t)$ 为

$$\omega_{\Phi}(t) = \frac{\mathrm{d}\varphi_{\Phi}(t)}{\mathrm{d}t} = \omega_{\mathrm{c}} - m_{\Phi}\Omega\sin(\Omega t) = \omega_{\mathrm{c}} + \Delta\omega(t) \tag{5-48}$$

其中,$\Delta\omega(t)$ 为调相(ΦM) 信号的(角) 频偏,其最大值(最大频偏) 为

$$\Delta\omega_{\mathrm{m}} = k_{\Phi}U_{\Omega\mathrm{m}}\Omega = m_{\Phi}\Omega \tag{5-49}$$

3. 调频(FM) 波与调相(ΦM) 波的比较

为了便于比较,将调制信号为单频(简谐) 信号时的调频(FM) 和调相(ΦM) 信号的波形绘于图 5-10 中。调相(ΦM) 信号的瞬时频率变化 $\Delta\omega(t)$ 与调制信号的微分成线性关系(斜率大处频率变化大,斜率小处频率变化小),瞬时相位变化 $\Delta\varphi(t)$ 与调制信号的电压幅值成线性关系;调频(FM) 信号的瞬时频率变化 $\Delta\omega(t)$ 与调制信号电压幅值成线性关系(幅度大时频率变化大,幅度小时频率变化小),瞬时相位变化 $\Delta\varphi(t)$ 与调制信号的积分成线性关系。这是调相(ΦM) 与调频(FM) 最根本的区别,两者之间的详细比较见表 5-1。

表 5-1　FM 信号与 ΦM 信号的比较

	调制(基带) 信号为单频(简谐) 信号 $u_{\Omega}(t) = U_{\Omega\mathrm{m}}\cos\Omega t$	
	调频(FM)	调相(ΦM)
瞬时频率	$\omega_{\mathrm{F}}(t) = \omega_{\mathrm{c}} + k_{\mathrm{F}}u_{\Omega}(t)$	$\omega_{\Phi}(t) = \omega_{\mathrm{c}} + k_{\Phi}\dfrac{\mathrm{d}u_{\Omega}(t)}{\mathrm{d}t}$
瞬时相位	$\varphi_{\mathrm{F}}(t) = \omega_{\mathrm{c}}t + k_{\mathrm{F}}\displaystyle\int_0^t u_{\Omega}(\tau)\mathrm{d}\tau$	$\varphi_{\Phi}(t) = \omega_{\mathrm{c}}t + k_{\Phi}u_{\Omega}(t)$

续表

调制（基带）信号为单频（简谐）信号 $u_\Omega(t) = U_{\Omega m}\cos\Omega t$	
最大频偏	$\Delta\omega_m = \|k_F u_\Omega(t)\|_{max} =$ $k_F U_{\Omega m} = m_F \Omega$	$\Delta\omega_m = \|k_\Phi(du_\Omega(t)/dt)\|_{max} =$ $k_\Phi U_{\Omega m}\Omega = m_\Phi\Omega$
最大相移	$m_F = \|k_F\int_0^t u_\Omega(\tau)d\tau\|_{max} = k_F\dfrac{U_{\Omega m}}{\Omega}$	$m_\Phi = \|k_\Phi u_\Omega(t)\|_{max} = k_\Phi U_{\Omega m}$
数学表示	$u_{FM}(t) = U_{cm}\cos\left[\omega_c t + k_F\int_0^t u_\Omega(\tau)d\tau\right] =$ $U_{cm}\cos\left(\omega_c t + \dfrac{k_F U_{\Omega m}}{\Omega}\sin\Omega t\right) =$ $U_{cm}\cos(\omega_c t + m_F\sin\Omega t)$	$u_{\Phi M}(t) = U_{cm}\cos\left[\omega_c t + k_\Phi u_\Omega(t)\right] =$ $U_{cm}\cos(\omega_c t + k_\Phi U_{\Omega m}\cos\Omega t) =$ $U_{cm}\cos(\omega_c t + m_\Phi\cos\Omega t)$

由上述讨论可以看到，在调角信号（FM，ΦM）中有两个特别重要的参数，即最大（角）频偏、最大相移（FM 为"调频指数"，ΦM 为"调相指数"，统一称为"调角指数"或"调制指数"，常用符号 m 表示）。进一步比较，在图 5-11 中给出调制信号 $u_\Omega(t)$ 为矩形波时 FM，ΦM 的频率变化和相位变化情况：如图 5-11(a) 在 FM 情况下，频率变化反映调制信号的波形，相位变化为它的积分（三角波）；如图 5-11(b) 在 ΦM 情况下，相位变化反映调制信号的波形，频率变化为它的微分（振幅为正负无穷大、宽度为零的脉冲序列）。

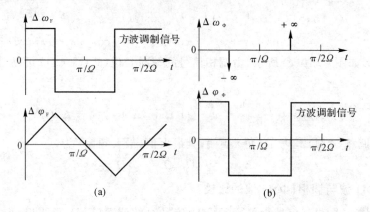

图 5-11　调制信号为矩形波时 FM 与 ΦM 的频率、相位变化情况

由表 5-1 中诸式可以看出：调频（FM）波的最大频偏（$\Delta\omega_m = k_F U_{\Omega m}$）与调制频率 Ω 无关，最大相移（调频指数 m_F）则与调制频率 Ω 成反比；调相（ΦM）波的最大频偏（$\Delta\omega_m = k_\Phi U_{\Omega m}\Omega$）与调制频率 Ω 成正比，最大相移（调相指数 m_Φ）则与调制频率 Ω 无关，如图 5-12 所示。因此，调频（FM）波的频谱宽度对于不同的 Ω 几乎维持恒定，调相波的频谱宽度则随 Ω 的不同而剧烈变化。

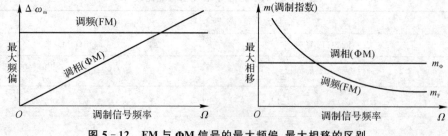

图 5-12　FM 与 ΦM 信号的最大频偏、最大相移的区别

对照表 5-1 中各式还可以看出：不论调频（FM）还是调相（ΦM），最大频偏（$\Delta\omega_{\mathrm{m}}$）与调制指数（$m$）之间的关系都是相同的，即

$$\Delta\omega_{\mathrm{m}} = m\Omega \quad \text{或} \quad \Delta f_{\mathrm{m}} = mF \tag{5-50}$$

其中，$\Delta\omega_{\mathrm{m}} = 2\pi\Delta f_{\mathrm{m}}$，$\Omega = 2\pi F$。综上所述，调频（FM）波中存在着三个与频率有关的概念：① 未调制时的载波频率 f_{c}（或称中心频率 f_0）；② 最大频偏（Δf_{m}），表示调制信号变化时瞬时频率 $f(t)$ 偏离中心频率 f_0 的最大值；③ 调制信号频率 F，表示瞬时频率 $f(t)$ 在其最大值（$f_0 + \Delta f_{\mathrm{m}}$）与最小值（$f_0 - \Delta f_{\mathrm{m}}$）之间每秒钟往返摆动的次数 —— 频率变化总是伴随着相位的变化，因此调制信号频率 F 也表示瞬时相位在相位的最大值（m）和最小值（$-m$）之间每秒钟往返摆动的次数。

5.2.2　调角信号的频谱和带宽

调频（FM）波和调相（ΦM）波的数学表示很类似，只要分析其中一种信号的频谱，对另一种也完全适用；所不同的是：FM 信号的分析结果要用调频指数（m_{F}），而 ΦM 信号的分析结果要求调相指数（m_{Φ}）。在以下的分析中，都用调指数（m）统一表示，在应用时根据情况自行区分；为简单计，还假定调角信号的幅度为 1，即令载波信号的幅度 $U_{\mathrm{cm}} = 1$，即分析函数 $u_{\angle}(t) = \cos(\omega_0 t + m\sin\Omega t)$ 的频谱和带宽，同时为了便于表述，把其中的载波频率 ω_{c} 替换为中心频率 ω_0。

1. 调角信号的频谱

利用三角函数的公式将 $u_{\angle}(t) = \cos(\omega_0 t + m\sin\Omega t)$ 展开，可得

$$u_{\angle}(t) = \cos\omega_0 t\cos(m\sin\Omega t) - \sin\omega_0 t\sin(m\sin\Omega t) \tag{5-51}$$

其中，两个特殊的函数 $\cos(m\sin\Omega t)$ 和 $\sin(m\sin\Omega t)$ 可以用级数表示为

$$\cos(m\sin\Omega t) = J_0(m) + 2\sum_{n=1}^{\infty} J_{2n}(m)\cos(2n\Omega t) \tag{5-52}$$

$$\sin(m\sin\Omega t) = 2\sum_{n=0}^{\infty} J_{2n+1}(m)\sin[(2n+1)\Omega t] \tag{5-53}$$

这里，$n \in \mathbf{N}$（自然数集）。

在式（5-52）、式（5-53）中的特殊函数 $J_k(m)$ 是以 m 为变化参数的 k 阶第一类 Bessel（贝塞尔）函数（Bessel Function of First Kind），其数值均有表格或曲线可查，也可以用 Matlab 软件中的函数 besselj(k,m) 来计算，如图 5-13 所示就是利用 Matlab 软件计算出的当 k 分别取 $0,1,2,\cdots,10$ 时 $J_k(m)$ 随 m（$0 \sim 13$）变化的关系曲线。将式（5-52）、式（5-53）代入式（5-51），可得

$$\begin{aligned}
u_{\angle}(t) = {} & J_0(m)\cos\omega_0 t + && \text{载频} \\
& J_1(m)\cos(\omega_0 + \Omega)t - J_1(m)\cos(\omega_0 - \Omega)t + && \text{第一对边频} \\
& J_2(m)\cos(\omega_0 + 2\Omega)t + J_2(m)\cos(\omega_0 - 2\Omega)t + && \text{第二对边频} \\
& J_3(m)\cos(\omega_0 + 3\Omega)t - J_3(m)\cos(\omega_0 - 3\Omega)t + && \text{第三对边频} \\
& \cdots\cdots
\end{aligned} \tag{5-54}$$

由式（5-54）可以进一步分析得出，由简谐（单频）信号调制的调频（FM）或调相（ΦM）信号，其频谱具有以下特点：

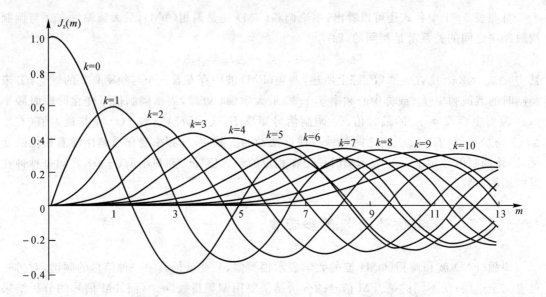

图 5 - 13　第一类 Bessel(贝塞尔)函数的曲线

　　1) 在中心频率 ω_0(载波频率 ω_c)分量的左、右两边各有无数个边频分量,它们与载频分量相隔都是调制频率 Ω 的整数倍;频载分量与各次边频分量的幅度由对应的各阶 Bessel 函数值所确定;奇数次的左、右边频分量的相位相反。

　　2) 调制指数(m)的取值越大,具有较大幅度的边频分量就越多(见图 5 - 14)。这与调幅(AM)信号不同,在简谐信号调幅的情况下,边频数目与调制指数(m_A)无关。

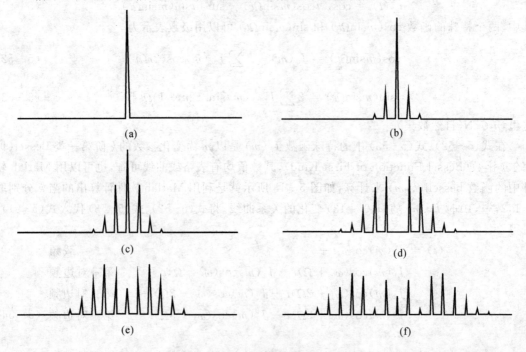

图 5 - 14　调角信号的频谱(单频调制)

(a)$m = 0$;　(b)$m = 0.5$;　(c)$m = 1.0$;　(d)$m = 2.4$;　(e)$m = 3.0$;　(f)$m = 5.0$

3) 由图 5-14 还可以看出,对于某些调制指数(比如 $m = 2.4$),载频或某边频的幅度为 0。利用这一现象可以测定调角信号的调制指数。

4) 调角信号的功率可以表示为

$$P_\angle = J_0^2(m) + 2[J_1^2(m) + J_2^2(m) + \cdots + J_k^2(m) + \cdots] \qquad (5-55)$$

根据 Bessel 函数的性质,式(5-55)右边的值等于 1,这就意味着,调频或调相前后信号的平均功率没有变化,只是能量从载频向边频分量转换,总能量并没有改变;这与调幅(AM)波的情况不同,调幅波的平均功率为 $(1 + m_A^2/2)$,相对于调幅前的载波功率增加了 $(m_A^2/2)$。因此,调频(FM)和调相(ΦM)信号的能量利用率很高,是一种很有效率的调制方式。

2. 调角信号的频带宽度

虽然调角信号的边频分量有无数多个,但是对于任一给定调制指数(m)值,高到一定次数的边频分量其幅度已经小到可以忽略,以致滤除这些边频分量对调角信号的信息传递不会产生显著的影响。因此,调角信号的频带宽度实际上可以认为是有限的。通常规定:凡是振幅小于未调制载波振幅的 1%(或者 10%,根据不同要求而定)的边频分量均可忽略不计,保留下来的频谱分量就确定了调角(FM 和 ΦM)信号的频带宽度(B_W)。

设调制(基带)信号的最高频率为 F,如果将小于未调制载波振幅 10% 的边频分量略去不计,则调频(FM)信号频谱宽度(B_W)可由下列近似公式求出:

$$B_W = 2(m_F + 1)F \qquad (5-56)$$

由于 $m_F = k_F U_{\Omega m}/\Omega = \Delta\omega_m/\Omega = \Delta f_m/F$,因此上式也可以改写为

$$B_W = 2(\Delta f_m + F) \qquad (5-57)$$

根据 Δf_m 的不同,调频(FM)制可以区分为宽带调频(WFM)与窄带调频(NFM)两种频率调制方式。

在宽带调频(WFM)中,$\Delta f_m \gg F$(即 $m_F \gg 1$),可得

$$B_W \approx 2m_F F \approx 2\Delta f_m \qquad (5-58)$$

即宽带调频(WFM)的频谱宽度约等于最大频偏($\Delta f_m \gg F$)的 2 倍。比如,调频广播就属于宽带调频方式,规定最大频偏 $\Delta f_m = 75$ kHz。

在窄带调频(NFM)中,$m_F < 1$,可得

$$B_W \approx 2F \qquad (5-59)$$

即窄带调频(NFM)的频谱宽度约等于调制频率(F)的 2 倍。这与标准调幅(AM)波的频谱非常类似,因此仅仅从频谱及其带宽上是难以将窄带调频(NFM)信号和调幅(AM)信号区分出来的,这在电磁环境的频谱监测中要特别注意。

从上述讨论可知,调频(FM)波和调相(ΦM)波的频谱结构以及频带宽度与调制指数(m)有非常密切的关系。总的规律是:调制指数(m)越大,应当考虑的边频分量的数目就越多(无论调频还是调相均是如此,这是它们共同的性质)。但是,当调制信号 $u_\Omega(t)$ 的振幅($U_{\Omega m}$)恒定时,调频(FM)波的调制指数(m_F)与调制频率(F)成反比,而调相(ΦM)波的调制指数(m_Φ)与 F 无关,因此它们的频谱结构、频带宽度与调制频率(F)之间的关系就各不相同。

对于调频(FM)信号而言,由于 m_F 随 F 的下降而增大,应当考虑的边频分量增多,但同时由于各边频之间的距离缩小,最后反而造成频带宽度(B_W)略变窄。这是因为边频分量数目增多和边带分量密集这两种变化对于频带宽度的影响恰好是相反的,所以总的效果是使频带略微变窄,有时也把频率调制(FM)叫作"恒定带宽调制"。例如,利用式(5-57)计算以下三种情

况下的 FM 信号频带宽度：

    1)$\Delta f_m = 75$ kHz$,F_m = 0.1$ kHz$(F_m$ 表示调制信号最高频率$)$；

    2)$\Delta f_m = 75$ kHz$,F_m = 1.0$ kHz$(F_m$ 表示调制信号最高频率$)$；

    3)$\Delta f_m = 75$ kHz$,F_m = 10$ kHz$(F_m$ 表示调制信号最高频率$)$。

不难得到：

    1)$B_w = 2(75 + 0.1) \approx 150$ kHz；

    2)$B_w = 2(75 + 1.0) = 152$ kHz；

    3)$B_w = 2(75 + 10) = 170$ kHz；

    从这个例子可以看出,尽管调制信号的频率变化了 100 倍$(10/0.1)$,但是 FM 信号的频带宽度却变化不大$(150 \sim 170$ kHz$)$。

    对于调频(FM)来说,调相(ΦM)信号的情况却大不相同,因为此时调相(制)指数(m_Φ)与调制频率(F)无关,即它是恒定的,故所要考虑的边频数量不变。但是,当调制频率(F)降低时,边频分量之间的距离减小,因而频带宽度随之成比例地变窄。这样一来,调相(ΦM)信号的频带宽度在调制频率的高端和低端相差极大,所以其在频带的利用方面是很不划算的,这正是模拟通信系统中频率调制(FM)方式要比相位调制(ΦM)方式应用得相对广泛的主要原因。

    但是,应当注意,在调制频率(F)不变而只改变调制信号振幅$(U_{\Omega m})$的情况下,两种调角方式频谱结构变化规律却是相同的,比如随着调制信号振幅的加大,调频波和调相波的调制指数都随之加大,应当考虑的边频数目也都随之增大,而边频分量之间的距离却并未改变,所以频带宽度都同样地增大。

    以上讨论的是单音(单频或简谐)调制的情况。实际上,调制信号都是比较复杂的频带信号,必然含有许多频率分量。对于调幅(AM)信号制来说,设调制信号包含 $\Omega_1,\Omega_2,\Omega_3,\cdots$ 频率,则所产生的调幅(AM)波包含 $\omega_0 \pm \Omega_1,\omega_0 \pm \Omega_2,\omega_0 \pm \Omega_3,\cdots$ 边带频率,即可以认为 AM 信号分别由 $\Omega_1,\Omega_2,\Omega_3,\cdots$ 频率频率的信号单独调幅后叠加而成,因而 AM 波的频谱结构与基带信号(调制信号)频谱结构是完全相同的,只是在频率轴上搬移了一个位置,这就是线性调制。但是,对于调角信号(FM 或 ΦM)来说,同时用几个频率调制所产生的结果却不能看作是每一个调制频率单独调制所得频率分量的线性叠加,此时增加了许多组合频率,频谱分量组成结构的复杂性大为增加;或者说,调频与调相这两种调制方式属于非线性调制。

    比如,考虑最简单的情形,调制信号只包含两个频率分量 Ω_1,Ω_2,即调制信号可以表示为 $u_\Omega(t) = U_{\Omega_1}\cos\Omega_1 t + U_{\Omega_2}\cos\Omega_2 t$,那么调频(FM)波的频谱就会包含下列频率成分：

    1)载频(或中心频率)ω_0,其振幅与 $J_0(m_1)J_0(m_2)$ 成正比,这里 m_1,m_2 是两个不同调制频率(Ω_1,Ω_2)所对应的调频指数;

    2)边频$(\omega_0 \pm n\Omega_1)$,其振幅与 $J_n(m_1)J_0(m_2)$ 成正比;

    3)边频$(\omega_0 \pm n\Omega_2)$,其振幅与 $J_0(m_1)J_n(m_2)$ 成正比;

    4)附加频率(组合频率)$[\omega_0 \pm (p\Omega_1 \pm q\Omega_2)]$,其振幅与 $J_p(m_1)J_q(m_2)$ 成正比,其中 p,q 为任意非零整数。

    由此可见,在有多个调制频率的情况下,调频(FM)信号的频谱结构除了包含单音(单频)调制时的边频分量外,还产生了很多组合频率分量,从而使频谱结构变得复杂。表面上看起来,这好像会使整个频带宽度要显著增加,但是实际上由于增加新的调制频率时,相应地减少了分配给每个调制频率的频偏值,边频与组合频率分量的振幅减小很快,因而频带宽度并没有显著增加,仍然可以按最高调制频率($F_{\max}$)作单音调制时的频谱宽度公式(5-57)来估算。

5.2.3 调频方法及电路实现

在工程上,常把产生调频信号的电路称作"调频器",对其提出的主要技术要求有四个方面:一是 FM 已调波的瞬时频率与调制信号幅度成比例地变化(这是最基本的要求);二是未调制时的载波频率(即已调波的中心频率)具有一定的稳定度(不同应用场合有不同的要求);三是最大频偏与调制频率无关;四是无寄生调幅(或寄生调幅要尽可能小)。下面先介绍两种实现频率调制(FM)的基本方法,然后在此基础上讨论几种常见的调频器。

1. 调频方法

产生调频信号的方法很多,归纳起来主要有两类:一是用调制信号 $u_\Omega(t)$ 直接控制载波的瞬时频率 —— 直接调频;二是先将调制信号 $u_\Omega(t)$ 积分,然后对载波进行相位调制(ΦM)从而得到调频波,即由调相变调频 —— 间接调频。现在讨论这两类调频方法的基本原理。

(1)直接调频原理。直接调频的基本原理是用调制信号 $u_\Omega(t)$ 直接线性地改变载波振荡的瞬时频率。因此,凡是能直接影响载波振荡瞬时频率 $\omega(t)$ 的元件或参数,只要能够用调制信号去控制它们,使载波振荡瞬时频率按调制信号变化规律线性地改变,都可以完成直接调频的任务。比如,产生 LC 自激振荡器载波,则振荡频率 ω 主要由谐振回路的电感元件和电容元件所决定,只要能用调制信号 $u_\Omega(t)$ 去控制回路的电感(L)或电容(C),就能达到控制振荡频率的目的。

采用变容二极管或反向偏置的半导体 PN 结,可以作为电压控制可变电容元件;具有铁氧体磁芯的电感线圈也可以作为电流控制可变电感元件,方法是在磁芯上绕一个附加线圈,当这个线圈中的电流改变时,它所产生的磁场随之改变,从而引起磁芯的磁导率改变(当工作在磁饱和状态时),因而使主线圈的电感量改变,于是振荡频率随之产生变化。在工程应用中,控制电感(L)通常比较困难或不够经济,而控制电容(C)则相对比较容易。所以,采用变容二极管或反向偏置的半导体 PN 结的方法更为普遍。

(2)间接调频原理。将调制信号 $u_\Omega(t)$ 先积分,再调相,就可以得到调频信号。这里用到了"相位等于频率积分"的关系,即间接调频原理,其原理框图如图 5-15 所示,其优点在于可以采用频率稳定度很高的振荡器(例如石英晶体振荡器)作为载波振荡器,然后在它的后级进行调相,因而有稳定度很高的调频载波中心频率,能够很容易地满足调频器的主要技术要求。

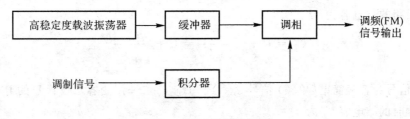

图 5-15 间接调频原理

2. 变容二极管直接调频

变容二极管调频的主要优点是能够获得较大的频偏(相对于间接调频),线路相对简单,且几乎不消耗调制功率;其缺点主要是中心频率稳定度低。变容二极管调频器多用于移动通信、自动频率微调等系统当中。变容二极管的特性已在第 2 章讨论过,这里主要讨论其产生 FM 信号的基本电路(见图 5-16),其中 C_C 是变容二极管 D 与 LC 振荡回路之间的耦合电容,同时起到隔离直流的作用;C_Ω 是旁路调制信号的交流短路电容,防止 $u_\Omega(t)$ 通过直流偏置电源 U_R;L_C 是高频扼流圈,阻止载波信号通过偏置电源 U_R,但是能够让调制信号几乎无衰减地通过。

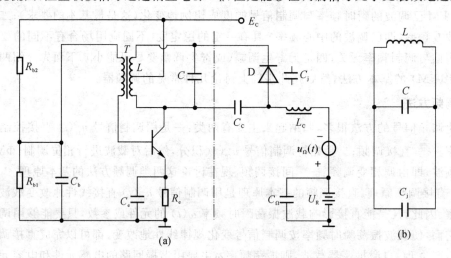

图 5-16　变容二极管直接调频电路

讨论如图 5-16(a) 所示电路的目的是要找出 $\omega(t)$ 与 $u_\Omega(t)$ 之间的定量关系,并尽可能地减小调制时产生的非线性失真。为此,首先要找到振荡回路电容的变化量 $\Delta C(t)$ 与 $u_\Omega(t)$ 之间的关系,然后根据 $\Delta\omega(t)$ 与 $\Delta C(t)$ 之间的关系求出 $\Delta\omega(t)$ 与 $u_\Omega(t)$ 的关系。先画出振荡回路的等效电路(见图 5-16(b)),其中 C_j 表示加有反向电压

$$u_R(t) = U_0 + u_\Omega(t) \tag{5-60}$$

时变容二极管 D 的 PN 结势垒电容,其中反向直流偏置电压 $U_0 = E_C - U_R$。

当调制信号 $u_\Omega(t) = 0$ 时,变容二极管 D 的 PN 结势垒电容为常数 C_0,它对应于反向直流偏置电压 U_0 的结电容,即

$$C_0 = \frac{C_{j0}}{\left(1 + \dfrac{U_0}{U_D}\right)^\gamma} \tag{5-61}$$

这时,振荡回路的总电容为

$$C_\Sigma = C + \frac{C_C C_0}{C_C + C_0} = C + \frac{C_C}{1 + \dfrac{C_C}{C_0}} \tag{5-62}$$

当调制信号为音频简谐(单频)信号 $u_\Omega(t) = U_{\Omega m}\cos\Omega t$ 时,变容二极管 D 的 PN 结电容随时间变化,此时的结电容 C_j 为

$$C_j = \frac{C_{j0}}{\left(1 + \dfrac{U_0 + U_{\Omega m}\cos\Omega t}{U_D}\right)^\gamma} = \frac{C_{j0}}{\left(\dfrac{U_0 + U_D}{U_D}\right)^\gamma \left(1 + \dfrac{U_{\Omega m}}{U_0 + U_D}\cos\Omega t\right)^\gamma} \tag{5-63}$$

令 $m = U_{\Omega m}/(U_0 + U_D)$,并将式(5-61)代入式(5-63),得

$$C_j = C_0 \left(1 + \frac{U_{\Omega m}}{U_0 + U_D}\cos\Omega t\right)^{-\gamma} = C_0 \ (1 + m\cos\Omega t\ )^{-\gamma} \tag{5-64}$$

这里的 m 称为调制深度(Modulation Depth),于是振荡回路的总电容变为

$$C_{\Sigma j} = C + \frac{C_C C_j}{C_C + C_j} = C + \frac{C_C}{1 + \frac{C_C}{C_j}} = C + \frac{C_C}{1 + \frac{C_C}{C_0}\ (1 + m\cos\Omega t\ )^{\gamma}} \tag{5-65}$$

由式(5-65)和式(5-62),可以求出由调制信号控制所引起的振荡回路总电容变化量为

$$\Delta C(t) = C_{\Sigma j} - C_{\Sigma} = \frac{C_C}{1 + \frac{C_C}{C_0}\ (1 + m\cos\Omega t\ )^{\gamma}} - \frac{C_C}{1 + \frac{C_C}{C_0}} \tag{5-66}$$

从式(5-66)可以看出,$\Delta C(t)$ 中与时间有关的部分为 $(1 + m\cos\Omega t)^{\gamma}$,可以将其在 $m\cos\Omega t = 0$ 附近展开成泰勒级数,得

$$(1 + m\cos\Omega t)^{\gamma} = 1 + \gamma m\cos\Omega t + \frac{1}{2}\gamma(\gamma - 1)m^2\cos^2\Omega t +$$

$$\frac{1}{6}\gamma(\gamma - 1)(\gamma - 2)m^3\cos^3\Omega t + \cdots \tag{5-67}$$

由于在实际电路中可以保证 $m = U_{\Omega m}/(U_0 + U_D) < 1$,所以式(5-67)的级数是收敛的;调制深度$(m)$越小,级数收敛越快。因此,可以用次数较低的少数几项(比如前 4 项)来近似表示 $(1 + m\cos\Omega t)^{\gamma}$。同时,将三角恒等式

$$\cos^2\Omega t = \frac{1}{2}(1 + \cos 2\omega t), \qquad \cos^3\Omega t = \frac{3}{4}\cos\Omega t + \frac{1}{4}\cos 3\Omega t$$

代入近似式,经整理后,可得

$$(1 + m\cos\Omega t)^{\gamma} \approx 1 + \frac{1}{4}\gamma(\gamma - 1)m^2 + \frac{1}{8}\gamma m[8 + (\gamma - 1)(\gamma - 2)m^2]\cos\Omega t +$$

$$\frac{1}{4}\gamma(\gamma - 1)m^2\cos 2\Omega t + \frac{1}{24}\gamma(\gamma - 1)(\gamma - 2)m^2\cos 3\Omega t \tag{5-68}$$

令 $\quad A_0 = A_2 = \frac{1}{4}\gamma(\gamma - 1)m^2, \quad A_1 = \frac{1}{8}\gamma m[8 + (\gamma - 1)(\gamma - 2)m^2]$

$$A_3 = \frac{1}{24}\gamma(\gamma - 1)(\gamma - 2)m^3$$

$$\Phi(m, \gamma) = A_0 + A_1\cos\Omega t + A_2\cos 2\Omega t + A_3\cos 3\Omega t$$

那么式(5-68)可以写成

$$(1 + m\cos\Omega t)^{\gamma} \approx 1 + \Phi(m, \gamma) \tag{5-69}$$

函数 $\Phi(m, \gamma)$ 的各项系数与 (m, γ) 有关。将式(5-69)代入式(5-66),得

$$\Delta C(t) = \frac{C_C}{1 + \frac{C_C}{C_0}[1 + \Phi(m, \gamma)]} - \frac{C_C}{1 + \frac{C_C}{C_0}} = \frac{-C_C^2\Phi(m, \gamma)/C_0}{\left[1 + \frac{C_C}{C_0} + \frac{C_C}{C_0}\Phi(m, \gamma)\right]\left(1 + \frac{C_C}{C_0}\right)} \tag{5-70}$$

通常情况下,变容二极管满足以下条件:

$$\frac{C_C}{C_0}\Phi(m, \gamma) \approx \left(1 + \frac{C_C}{C_0}\right)$$

所以,式(5-70)可以近似写成

$$\Delta C(t) = \frac{-C_C^2/C_0}{(1 + C_C/C_0)^2}\Phi(m, \gamma) \tag{5-71}$$

从而得到振荡回路的电容变化量 $\Delta C(t)$ 与调制信号 $u_\Omega(t)$(体现在函数 $\Phi(m,\gamma)$ 中)之间的近似关系。

当振荡回路有微量电容变化 ΔC 时,振荡频率的变化 Δf 可以表示为

$$\Delta f \approx -\frac{f_0}{2C_\Sigma}\Delta C \qquad (5-72)$$

由于 $\Delta C/2C_\Sigma$ 很小,所以 $\Delta f/f_0$ 亦很小,即属于小频偏调频的情况。调频时,ΔC 随调制信号变化,因而 Δf 也随调制信号变化,并用 $\Delta f(t)$ 表示,于是有

$$\frac{\Delta f(t)}{f_0} \approx \left(\frac{C_C}{C_C+C_0}\right)^2 \frac{C_0}{2C_\Sigma}\Phi(m,\gamma) \qquad (5-73)$$

令 $p = C_C/(C_C+C_0)$,$K = p^2 C_0/2C_\Sigma$,其中 p 为变容二极管与振荡回路之间的接入系数,于是有

$$\Delta f(t) \approx Kf_0[A_0 + A_1\cos\Omega t + A_2\cos2\Omega t + A_3\cos3\Omega t] \qquad (5-74)$$

式(5-74)表明,变容二极管调频器输出的 FM 信号中,其瞬时频率的变化包含以下一些"成分":

1)与调制信号 $u_\Omega(t)$ 成线性关系的成分,其最大频偏为

$$\Delta f_1 = KA_1 f_0 = \frac{1}{8}Kf_0\gamma m[8+(\gamma-1)(\gamma-2)m^2] \qquad (5-75)$$

2)与调制信号的二次、三次谐波成线性关系的成分,其最大频偏分别为

$$\Delta f_2 = KA_2 f_0 = \frac{1}{4}Kf_0\gamma(\gamma-1)m^2 \qquad (5-76)$$

$$\Delta f_3 = KA_3 f_0 = \frac{1}{24}Kf_0\gamma(\gamma-1)(\gamma-2)m^3 \qquad (5-77)$$

3)中心频率 ω_0 相对于未调制时的载波频率 ω_c 产生的频率偏移为

$$\Delta f_0 = KA_0 f_0 = \frac{1}{4}Kf_0\gamma(\gamma-1)m^2 \qquad (5-78)$$

式中　　Δf_1——调频所需要的频偏;

　　　　Δf_0——引起中心频率 ω_0 不稳定的一种因素;

　　　　Δf_2,Δf_3——频率调制(FM)的非线性失真。

为了减小这种非线性失真,就应该尽可能地降低 Δf_2 和 Δf_3;为了使中心频率稳定度尽量少受变容二极管 D 的影响,就应该尽可能地减小 Δf_0。

从以上各式的推导过程来看,如果选取比较小的调制深度(m),即调制信号的振幅 $U_{\Omega m}$ 比较小,或者说变容二极管 D 应用于($C_j \sim u_R$)曲线比较窄的范围内,则非线性失真和中心频率偏移都比较小;但是,有用的频偏 Δf_1 也会同时减小。所以,为了兼顾频偏 Δf_1 要大而非线性失真要小的技术要求,通常取调制深度 $m \approx 0.5$。若选取 $\gamma = 1$,则二次、三次非线性失真以及中心频率偏移均可以为零,这时 $\Delta C(t)$ 与调制信号 $u_\Omega(t)$ 恰好成正比例关系,当 $\Delta C(t)$ 比较小时,必然有 $\Delta f(t)$ 与 $u_\Omega(t)$ 成正比例关系。

需要特别指出是的,以上这些结论是在"小频偏"(即 ΔC 相对回路总电容 C_Σ 很小)条件下得到的。若 ΔC 比较大("大频偏"),这时前述各式的近似过程便不再成立,最后的结论便有所不同;经过分析可知,在"大频偏"情况下,只有当 $\gamma = 2$ 时,才可能真正实现没有非线性失真的调频(此时假定变容二级管电容就是振荡回路总电容)。综上所述,在"小频偏"情况下选择 $\gamma = 1$ 的变容二极管可以近似实现线性调频;而在"大频偏"情况下必须选择 $\gamma \approx 2$ 的超突变 PN 结

变容二极管才能使调制具有良好的线性。在实际电路中,还可以采用将两个变容二极管反向串联的方式来消除寄生调制等非线性失真问题。

3. 晶体振荡器直接调频

在某些应用场合,需要对直接调频的中心频率稳定度提出比较严格的要求。比如,在 88 ～ 108 MHz 波段的调频电台,为了减小邻近电台间的相互干扰,则规定各电台调频信号中心频率的绝对稳定度不劣于 $\pm 2\text{kHz}$;设若中心频率为 100 MHz,这就意味着其相对频率稳定度不劣于 2×10^{-5},这种稳定度要求在变容二极管调频器中是难以达到的,因而需要采用适当的方法来稳定中心频率。在直接调频中稳定中心频率的常用方法有三种:一是对石英晶体振荡器进行直接调频;二是采用自动频率控制电路;三是利用锁相环路稳频。这里只介绍第一种方法。

晶体振荡器主要有两种类型:一种是工作在石英晶体的串联谐振频率上,晶体等效为一个短路元件,起着选频作用;另一种是工作于晶体的串联与并联谐振频率之间,晶体等效为一个高品质因数的电感元件,作为振荡回路元件之一。为了实现直接调频,则需要利用变容二极管控制后一种晶体振荡器(晶体等效为电感)的振荡频率来达到目的。

变容二极管接入振荡回路也有两种方式:一种是与石英晶体相串联;另一种是与石英晶体相并联。无论哪一种接入方式,当变容二极管的结电容发生变化时,都引起晶体的等效电抗发生变化。在变容二极管与石英晶体串联的情况下,变容二极管结电容的变化,主要是使晶体串联谐振频率 f_q 发生变化,从而引起石英晶体的等效电抗的发生变化;当变容二极管与石英晶体相并联时,变容二极管结电容的变化,主要是使晶体的并联谐振频率 f_p 发生变化,这也会引起晶体的等效电抗发生变化。总之,如果用调制信号控制变容二极管的结电容,由于石英晶体的等效电抗也受到控制,因而亦使振荡频率受到调制信号的控制,即获得了调频信号。

这种方式产生的最大相对频偏很小,大约只有 10^{-4} 量级。同时,变容二极管与晶体并联连接方式还有一个较大的缺点,就是变容二极管参数的不稳定性会直接影响调频信号中心频率的稳定度,因此用得比较广泛的还是变容二极管与石英晶体相串联的方式(见图 5-17)。实际上,图 5-17 所示的电路是对皮尔斯晶体振荡器进行频率调制的典型电路,其中:电容 C_1, C_2 与石英晶体 J_T、变容二极管 D 组成皮尔斯振荡电路;电感 L_1, L_2, L_3 均为高频扼流圈;电阻 R_1, R_2, R_3 构成振荡器晶体管的偏置电路;电容 C_3 对调制信号频率短路。当调制信号使变容管的结电容 C_j 变化时,晶体振荡器的振荡频率就受到调制。

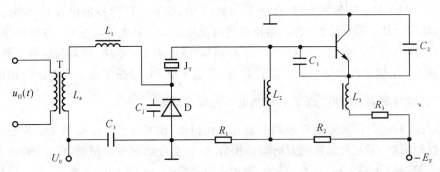

图 5-17　皮尔斯晶体振荡器直接调频电路

最后指出,对晶体振荡器进行调频时,由于振荡回路中引入了变容二极管,因此频率稳定度相对于不调频的晶体振荡器有所降低。一般地,其短期频率稳定度可以达到10^{-6}量级,长期频率稳定度可以达到10^{-5}量级。

4. 间接调频 —— 由调相实现调频

间接调频(由调相实现调频)是提高中心频率稳定度的一种较简便而有效的方法。它能得到很高频率稳定度的主要原因,在于它可以采用稳定度很高的振荡器(例如石英晶体振荡器)作为主振器,而且调制不在主振器中进行,而是在其后的某一级放大器中进行,也就是在放大器中用积分后的调制信号对主振器送来的载波振荡进行调相而得到调频波,这时中心频率的稳定度就等于主振器的频率稳定度。调相不仅是间接调频的基础,而且在现代无线通信、导航、雷达和遥测等系统中也得到非常广泛的应用。因此,下面先讨论几种常见的调相方法,然后介绍一种利用倍频器扩展间接调频的频偏的基本技术。

(1) 谐振回路调相。由谐振回路的相频特性曲线可知,当回路失谐时,输出信号相对于输入信号便产生一个附加的相位移 $\Delta\varphi$,它与失谐的关系可以表示为

$$\Delta\varphi = -\arctan(2Q\Delta\omega/\omega_0) \tag{5-79}$$

式中 Q——谐振回路的品质因数;

           $\Delta\omega/\omega_0$——谐振回路的相对失谐,若回路电容变化 ΔC 满足关系 $\Delta C/C_0 \ll 1$,那么相对失谐为 $|\Delta\omega|/\omega_0 \approx -\Delta C/2C_0$,$C_0$ 为回路初始电容。

若 $\Delta\varphi \leqslant \pi/6$,则式(5-79)可以近似写成

$$\Delta\varphi \approx -2Q\Delta\omega/\omega_0 \approx -Q\Delta C/C_0 = -Qk_c u_\Omega(t)/C_0 \tag{5-80}$$

式中 $u_\Omega(t)$——调制(基带)信号,近似线性地控制电容发生变化 ΔC;

           k_C——调制(基带)信号控制电容变化的系数。

由式(5-80)可知,在满足 $\Delta\varphi \leqslant \pi/6$,$\Delta C/C_0 \ll 1$ 的两个条件时,附加相移 $\Delta\varphi$ 近似与调制信号 $u_\Omega(t)$ 成线性关系。只不过这种方法只能产生 $\Delta\varphi \leqslant \pi/6$ 的最大相移,即调相指数 $m_\Phi = \pi/6 \approx 0.5$ rad。此外,从谐振回路幅频特性考虑,也只有在失谐不大的情况下才能够获得可以接受的较小寄生调幅,否则信号幅度就会随频率变化而产生太大的起伏变化。在实际电路中,往往在调相之后再加一级限幅器,以减小寄生调幅。基于相同的原理,若用调制信号控制回路的电感(L)也可以得到类似的结果,可控电抗仍然可用变容二极管来实现。

一个用调制信号 $u_\Omega(t)$ 控制谐振回路电容的单级谐振变容二极管调相电路如图5-18(a)所示,图5-18(b)是它的等效电路。在图5-18(a)中,变容二极管 D 的电容 C_j 与电感 L 组成谐振回路,R_1、R_2 是谐振回路输入端、输出端的隔离电阻,R_4 是偏置电压 U_0 与调制信号 $u_\Omega(t)$ 之间的隔离电阻;三个电容($C_1 = C_2 = C_3$)对高频(载波频率)短路、对调制信号开路。如果将调制电压 $u_\Omega(t)$ 先积分再加至变容二极管 D 上,那么单级LC谐振回路输出电压的相位移就与 $\int_0^t u_\Omega(\tau)\mathrm{d}\tau$ 呈线性关系,从而实现了对调制电压的间接调频。

综上所述,利用谐振回路调相得到的最大线性相移(调相指数)m_Φ 受到 LC 谐振回路相频特性非线性的限制,因而在间接调频时调频指数 m_F 也会受到同样的限制,即 m_F 的值不能超过相应 m_Φ 的限定值。由 $m_F = \Delta\omega_m/\Omega$ 可知,调相电路选定后,m_F 就确定下来了,由于调频波的最大频偏 $\Delta\omega_m$ 与调制信号频率 Ω 无关(当 $U_{\Omega m}$ 一定时 $\Delta\omega_m$ 即为常数),这时调频(FM)信号中调制信号最低频率分量 Ω_{min} 所对应的 m_F 值最大。因此,只要这个最大的 m_F 值不超过调相电路的最大线性相移 m_Φ,调制信号的其他频率分量所对应的 m_F 也就不会超过调相电路的最大线性

相移。所以,利用谐振回路调相的间接调频电路可能提供的最大角频偏 $\Delta\omega_m$ 应在调制信号的最低调制频率分量上求得,即 $\Delta\omega_m = m_\Phi\Omega_{min} = |\Delta\varphi|_{max}\Omega_{min}$。

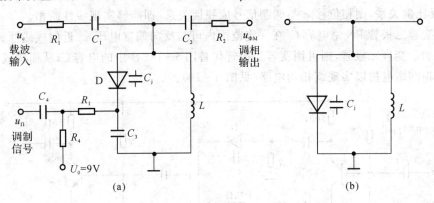

图 5-18　单级谐振变容二极管调相电路
(a) 调相电路;　(b) 等效电路

例如,调制信号频率为 $0.1\sim15\ \text{kHz}$,最低调制频率 $F = 0.1\ \text{kHz}$,当采用单级 LC 谐振回路变容二极管调相电路间接调频时,调相指数 $m_\Phi = |\Delta\varphi|_{max} = \pi/6$,那么最大频偏为 $\Delta f_m = |\Delta\varphi|_{max}F_{min} \approx 52\ \text{Hz}$。由此可见,间接调频电路所能提供的最大频偏很小,这样小的频偏是不能满足实际要求的,因而需要采用多级倍频和混频来扩展频偏并确定适当的中心频率。

(2) 移相网络调相。如图 5-19(a) 所示是一个 RC 移相网络,载波电压 $\dot{U}_c$ 经倒相器在发射极上得到 $\dot{U}_c$,在集电极上得到 $-\dot{U}_c$,加在 RC 移相网络上的电压 $\dot{U}_{AB} = -\dot{U}_c - \dot{U}_c = -2\dot{U}_c$,它们与输出电压的相量关系如图 5-19(b) 所示。

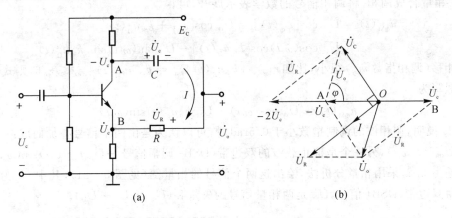

图 5-19　RC 移相网络及其输入-输出的相位关系
(a)RC 移相网络;　(b)RC 移相网络相量图

由图 5-19(b) 可知,输出电压 $\dot{U}_o$ 等于 $\dot{U}_R$ 和 $\dot{U}_c$ 的相量和,它相对于 $\dot{U}_c$ 的相位移是 $(\pi+\varphi)$,并且可以求出

$$\varphi = 2\arctan\left(\frac{U_C}{U_R}\right) = 2\arctan\left(\frac{1}{\omega_0 CR}\right) \tag{5-81}$$

当 $\varphi \leqslant \pi/6$ 时,式(5-81) 可以近似为

$$\varphi \approx 2/(\omega_0 CR) \tag{5-82}$$

因此,当 $\varphi \leqslant \pi/6$ 时,相位移 φ 与电容 C(或电阻 R)成反比例关系。若调制信号的电压与 C(或 R)也成反比例关系,则相位移 φ 与调制信号成线性关系,即能够实现线性调相。

已知变容二极管 PN 结电容 C_j 在一定范围内可与反向偏置电压 u_R 近似成线性关系,若将调制信号加于变容二极管,则可用变容二极管代替图 5-19(a)中的电容 C,从而构成变容二极管控制移相网络电抗以实现调相的电路(见图 5-20)。

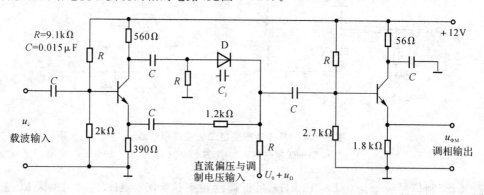

图 5-20　利用变容二极管改变移相网络电抗的实用电路

当然,图 5-19(a)和图 5-20 所示阻容移相网络只是一种示例。在实际应用中,移相网络的形式有很多,比如多级 RC 网络、LC 网络和 RLC 网络等,其中用可控电抗(容抗或感抗)或可控电阻元件都能够实现调相。从上面的讨论可以看出,从本质上讲,利用谐振回路调相和利用移相网络调相在原理上是一样的。

（3）相量合成调相。将调相信号的数学表示展开,可得

$$u_{\Phi M}(t) = U_{cm}\cos[\varphi_\Phi(t)] = U_{cm}\cos[\omega_c t + k_\Phi u_\Omega(t)] =$$
$$U_{cm}\cos(\omega_c t)\cos[k_\Phi u_\Omega(t)] - U_{cm}\sin(\omega_c t)\sin[k_\Phi u_\Omega(t)] \tag{5-83}$$

若最大相移(调相指数 m_Φ)很小,比如 $m_\Phi = |k_\Phi u_\Omega(t)|_{max} = k_\Phi|u_\Omega(t)|_{max} \leqslant \pi/6$,则式(5-83)可以近似写为

$$u_{\Phi M}(t) \approx U_{cm}\cos(\omega_c t) - U_{cm}k_\Phi u_\Omega(t)\sin(\omega_c t) \tag{5-84}$$

式(5-84)说明,调相波的调制指数小于 0.5rad 时,可以认为是由两个信号叠加而成:一个是载波信号 $U_{cm}\cos(\omega_c t)$,另一个是抑止载波的双边带(DSB)调幅信号 $-U_{cm}k_\Phi u_\Omega(t)\sin(\omega_c t)$;两者的相位差为 $\pi/2$。采用相量分析法,绘出这两个信号的相量图(见图 5-21),其中 $\dot{U}_c$ 为载波信号,$\dot{U}_D$ 为双边带(DSB)信号,$\dot{U}_\Phi$ 是两相量信号的矢量和($\dot{U}_\Phi = \dot{U}_c + \dot{U}_D$)。

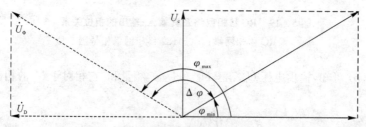

图 5-21　调制指数很小时调相波由两个信号叠加

相量 $\dot{U}_c$，$\dot{U}_D$ 互相垂直，$\dot{U}_D$ 的幅度受到调制信号 $u_\Omega(t)$ 的调制，所以合成相量 $\dot{U}_\Phi$ 的幅度和相位也会受到调制信号 $u_\Omega(t)$ 的调制。由于 $\dot{U}_c$ 的幅度是固定的，且 $\dot{U}_D$ 与 $\dot{U}_c$ 的相对相位关系 $(\pi/2)$ 也是固定的，那么随着 $u_\Omega(t)$ 的变化，当 $\dot{U}_D$ 取正向最大时合成相量 $\dot{U}_\Phi$ 取最小相角 φ_{min}，当 $\dot{U}_D$ 取反向最大时 $\dot{U}_\Phi$ 取最大相角 φ_{max}，两者之间的相差为 $\Delta\varphi = \varphi_{max} - \varphi_{min}$。因此，合成相量 $\dot{U}_\Phi$ 是一个"调相-调幅"信号，即相位和幅度同时受到 $u_\Omega(t)$ 的控制。现在只需要用到调相部分，所以可采用限幅的办法将寄生的调幅消除，于是得到"相量合成调相"的原理框图如图 5－22(a) 所示。由于双边带(DSB)调幅中的乘法器实际上就是一个平衡调幅器，所以可得到更加具体化的原理框图如图 5－22(b) 所示。这种调相方法是由阿姆斯特朗(Armstrong)首先提出的，故也称为"阿姆斯特朗调相方法"(Armstrong Method)。

移相网络调相和相量合成调相都有一个共同的缺点，即调制系数(最大相移)很小。为了获得足够大的调制系数，必须在调相器后面加多级倍频器，从而使系统变得比较庞杂。为了克服这一缺点，可以采用下面介绍的脉冲调相方法。

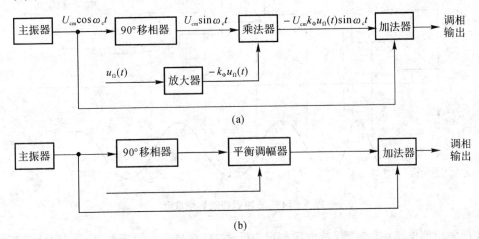

图 5－22　相量合成调相原理框图
(a) 乘法器实现；　(b) 平衡调幅器实现

(4) 脉冲调相。脉冲调相(Pulse Phase Modulation)也称脉冲调位，即利用调制信号 $u_\Omega(t)$ 控制脉冲出现的位置来实现调相，其原理框图如图 5－23 所示，①②③④⑤⑥各节点的典型波形如图 5－24 所示。

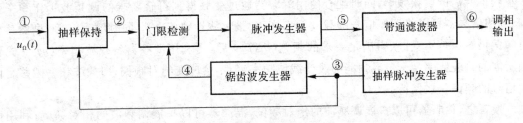

图 5－23　脉冲调相原理框图

由抽样脉冲发生器产生稳定的抽样脉冲 ③(Sampling Pulse)，在抽样保持电路(Sampling Hold Circuit)中对调制信号 ① 进行抽样，并将抽样值 ② 保持下来。在抽样脉冲控制下，锯齿波发生器(Sawtooth Wave Generator)产生一系列锯齿波 ④。在每个抽样脉冲到来时,锯齿波回到零电平。

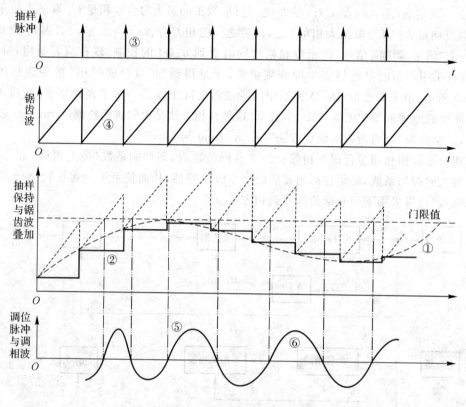

图 5 - 24　脉冲调相的典型波形

在门限检测电路中,抽样保持电压与锯齿波叠加,并与预先设置的某一门限值进行比较。当超过此门限值时,即产生一窄脉冲序列 ⑤,它的每一脉冲的位置都受到调制信号的控制。脉冲序列 ⑤ 经带通滤波器滤波后,即得到调相波 ⑥。

脉冲调相不仅具有很稳定的中心频率,而且能够得到大的调制系数,因而在多种高频系统中得到比较广泛的应用。

(5)频偏扩展。为了克服间接调频频偏过小的缺点,在实际应用中可以通过多级倍频的方法来获得所需的调频频偏,同时配合使用混频器通过变频得到符合要求的调频波工作频率范围。利用倍频器可以将调频信号的载波频率 f_0 和最大线性频偏 Δf_m 同时增大 n 倍,显然其相对频偏仍然保持不变。获得满足要求的频偏($n\Delta f_m$)后,再利用混频器将载波频率(nf_0)搬移到所需的载波频率 f_c 上。混频能够改变载波频率,但不会改变绝对频偏,即载波频率搬移后调频信号的频偏仍然保持($n\Delta f_m$)。

换言之,倍频器可以扩展调频波的绝对频偏,混频器可以扩展调频波的相对频偏;利用倍频器和混频器的这一特性,就可以在要求的载波频率上,随意扩展调频(FM)波的最大线性频偏。比如,调频广播发射机要求载频为 100 MHz,最大频偏为 75 kHz,调制信号频率范围 0.1 ～ 15 kHz,采用单级谐振回路变容二极管调相电路实现间接调频。由于调相电路在 0.1 kHz 的最低调制频率上,能产生的最大线性频偏约为 52 Hz,为了得到符合上述要求的调频(FM)波,就需要扩展频偏,其基本方案如图 5-25 所示。

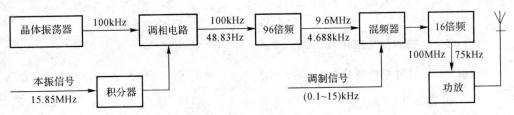

图 5-25　采用多级倍频和混频方案的频偏扩展原理框图

在图 5-25 中,晶体振荡器频率为 100 kHz,取单级谐振回路变容二极管调相电路的最大线性频偏为 48.83 Hz,经过多级共 96 倍频后可以得到载波频率为 9.6 MHz、最大线性频偏为 4.688 kHz 的 FM 波;再经混频器将载频从 9.6 MHz 搬移到 6.25 MHz,其最大线性频偏仍然为 4.688 kHz;又经多级共 16 倍频后,就可以获得载波频率为 100 MHz、最大线性频偏为 75 kHz 的调频波。最后,该调频(FM)信号经功率放大器送至发射天线即辐射出去。

5.2.4　角度调制信号的解调

在发射端对信号进行了调制,在接收端就必须对信号进行解调。下面,将重点分析频率解调(鉴频)和相位解调(鉴相)的原理、方法和实际电路,即从调频或调相信号中恢复出原调制信号。完成调频或调相信号解调的电路称为"频率检波器"(也称"鉴频器")或"相位检波器"(也称"鉴相器")。鉴频的方法有直接鉴频法和间接鉴频法。直接鉴频法直接从调频信号中恢复出原调制信号;间接鉴频法则需要调频(FM)信号进行变换以后间接地恢复出原调制信号。

1. 鉴频方法

调频(FM)波的解调方法基本上可以分为两大类:一类是将调频波进行特定的波形变换,使变换的波形中包含有与 FM 波瞬时频率 $\omega(t)$ 变化规律一致的参量(电压、相位或平均分量等),然后设法检测出这个参量,则可解调输出原始调制信号 $u_\Omega(t)$;另一类是利用鉴相器(PD)和压控振荡器(VCO)构成的锁相环路(PLL)直接获得与原始调制信号 $u_\Omega(t)$ 成比例的相差电压信号 $u_e(t)$ 而实现 FM 波的解调。第一类方法根据波形变换的特点和所获得的参量不同,又可以分为多种鉴频方法。

(1)利用锁相环路的鉴频方法。利用锁相环路(PLL)构成的鉴频器如图 5-26 所示。有关锁相环(PLL)的原理、特点和应用请参阅相关文献,本书不作深入讨论,仅在第 6 章对其基本概念及典型应用进行简要地介绍。

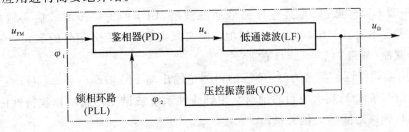

图 5-26　锁相调频解调的组成原理框图

设输入的调频(FM)波 $u_{FM}(t)$ 为

$$u_{FM}(t) = U_{cm}\cos\left[\omega_c t + k_F \int_0^t u_\Omega(\tau)d\tau\right] = U_{cm}\cos[\omega_c t + \varphi_1(t)] \qquad (5-85)$$

式中　　$u_\Omega(t)$ —— 调制信号电压;

　　　　$\varphi_1(t)$ —— 瞬时相位变化,即 $\varphi_1(t) = k_F \int_0^t u_\Omega(\tau)d\tau$;

　　　　k_F —— 调频比例系数;

　　　　ω_c —— 调频波的载波角频率,载波振幅为 U_{cm}。

只要 PLL 的环路低通滤波器(LF)带宽足够宽,鉴相器(PD)的输出电压 $u_e(t)$ 能够顺利通过,那么压控振荡器(VCO)就能够跟踪输入调频(FM)波中反映调制信号电压 $u_\Omega(t)$ 变化规律的瞬时频率,即 VCO 的输出是一个具有相同调制规律的 FM 波。于是,低通滤波器(LF)输出的电压既是 VCO 的输入控制电压,也是鉴频所需要输出的 FM 波解调电压 $u_\Omega(t)$。这种电路也称为"调制跟踪型锁相环"。

压控振荡器(VCO)的中心角频率(ω_0)设定为 FM 信号的载波频率(ω_c),即 $\omega_0 = \omega_c$。对于已锁定的环路,当输入 FM 波的频率(或相位)发生某种变化时,VCO 输出信号的频率(或相位)将跟踪输入 FM 波的变化,此时锁相环路中相位差($\Delta\varphi = \varphi_1 - \varphi_2$)就不会很大,从而有 $\sin(\Delta\varphi) \approx \Delta\varphi$ 成立,所以鉴相器(PD)输出电压 $u_e(t)$ 与相位差 $\Delta\varphi$ 之间近似呈线性关系,$u_e(t) = k_d\Delta\varphi$,$k_d$ 为鉴相器输出电压比例系数,整个 PLL 可以作为线性系统来分析。

设低通滤波器(LF)的输入-输出比例系数为 k_{LF},若仅考虑其稳态响应,那么压控振荡器(VCO)的输入控制电压(或 FM 波解调电压)可以表示为

$$u_\Omega(t) = k_{LF}u_e(t) = k_{LF}k_d\Delta\varphi$$

设 VCO 的调频比较系数为 k_c,那么 VCO 输出 FM 信号的相位 φ_2 可以表示为

$$\varphi_2 = \varphi_1 - \Delta\varphi = k_c\int_0^t u_\Omega(\tau)d\tau = k_{LF}k_dk_c\int_0^t \Delta\varphi d\tau = k_{LF}k_dk_c\int_0^t \Delta\varphi d\tau \qquad (5-86)$$

对式(5-86)两边求导并利用微分算子 $p = d/dt$ 来表示,那么有

$$\frac{d\Delta\varphi}{dt} + k_{LF}k_dk_c\Delta\varphi = \frac{d\varphi_1}{dt} \quad \text{或} \quad p\Delta\varphi + k_{LF}k_dk_c\Delta\varphi = p\varphi_1 \qquad (5-87)$$

所以相位差 $\Delta\varphi$ 与 FM 波瞬时相位变化 φ_1 之间满足关系:

$$\Delta\varphi = \frac{p\varphi_1}{p + k_{LF}k_dk_c} \propto \frac{d\varphi_1}{dt} = \frac{d}{dt}\left[k_F\int_0^t u_\Omega(\tau)d\tau\right] = k_F u_\Omega(t) \qquad (5-88)$$

于是,鉴相器(PD)输出电压 $u_e(t)$ 与 FM 波调制信号电压 $u_\Omega(t)$ 之间满足关系:

$$u_e(t) = k_d\Delta\varphi \propto k_dk_F u_\Omega(t) \qquad (5-89)$$

当然,若直接从鉴相器(PD)的输出端取出解调信号,输出信号中将会有比较大的噪声或干扰,所以一般不这样做,而是经过环路低通滤波器(LF)的进一步滤波后再输出调制信号 $u_\Omega(t)$。为了实现不失真的解调,PLL 的捕捉带宽必须大于输入 FM 信号的最大频偏,环路的带宽必须大于调制(基带)信号 $u_\Omega(t)$ 的带宽。

(2)利用幅频特性的鉴频方法。鉴频的目的是输出与 FM 波瞬时频率 $\omega(t)$ 变化规律相同的解调电压信号 $u_\Omega(t)$,那么很自然地就会想到线性系统或谐振回路的幅频特性曲线,刚好就反映了电压与频率之间的变化关系。

将调频波通过频率-幅度线性变换网络(系统),使变换后的调频波振幅能够按其瞬时频率

的变化规律而变化,从而将调频(FM)波变成调频-调幅(FM-AM)波,然后通过包络检波器就可以检测出包络的幅度变化,因为包络检波器对频率变化并不敏感,所以检波器输出的信号就是 FM 波的解调电压信号 $u_\Omega(t)$。这种鉴频器常称为"振幅鉴频器"或"斜率鉴频器",其组成原理框图如图 5-27 所示。

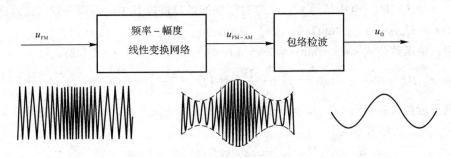

图 5-27 振幅鉴频器的组成原理框图

振幅鉴频器的原理和实现电路都比较简单,比如利用 LC 并联谐振回路幅频特性曲线的失谐区就可实现调频-调幅波的变换,然后接包络检波器即可;但是,包络检波器输出信号的质量一般,故振幅鉴频器多用于比较低端或性能要求不高的调频接收系统之中。

(3)利用相频特性的鉴频方法。采用这种方法构成的鉴频器称为相位鉴频器,其组成原理如图 5-28 所示。

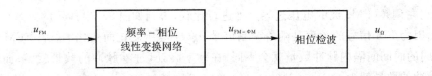

图 5-28 相位鉴频器组成原理框图

利用频率-相位线性变换网络的相频特性,将调频(FM)波通过线性变换网络后变换成调频-调相(FM-ΦM)波,即 FM 波的相位能够按其瞬时频率的变化规律而变化,然后再通过相位检波器(鉴相器)检测出反映相位变化的解调电压。鉴相的方法也有多种,将在本章后面进行讨论。

(4)利用移相和乘法器的鉴频方法。此类鉴频方法的基本原理框图如图 5-29 所示。设输入信号为由单频(简谐)信号($U_\Omega \cos\Omega t$)调制的调频(FM)信号 $u_{FM}(t) = U_{cm}\cos(\omega_c t + m_F \sin\Omega t)$,将其移相 π/2 得到参考信号 $u_r(t)$ 为

$$u_r(t) = U_{rm}\cos\{\omega_c t + (\pi/2) + m_F \sin[\Omega(t-t_d)]\} = U_{rm}\sin\{\omega_c t + m_F \sin[\Omega(t-t_d)]\}$$

这里需注意到,"90° 移相网络"在对信号载频 ω_c 固定移相 π/2 的同时,也会对边频分量 $\omega_c \pm \Omega$ 产生一个很小的相位延迟 t_d。

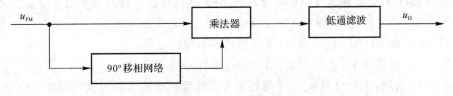

图 5-29 移相乘积鉴频器组成原理框图

设乘法器的相乘因子为 k_m，将 $u_{FM}(t)$ 与 $u_r(t)$ 相乘，乘法器输出电压为

$$u_{mo}(t) = k_m U_{rm} U_{cm} \cos[\omega_c t + m_F \sin\Omega t]\sin\{\omega_c t + m_F \sin[\Omega(t - t_d)]\} =$$

$$\frac{U_{mo}}{2}\Big[\sin\{m_F(\sin[\Omega(t - t_d)] - \sin\Omega t)\} + \sin\{2\omega_c t + m_F(\sin[\Omega(t - t_d)] + \sin\Omega t)\}\Big]$$

式中，$U_{mo} = k_m U_{rm} U_{cm}$。电压信号 $u_{mo}(t)$ 经过低通滤波器滤除其中的高频分量（$2\omega_c$），得到输出信号 $u_\Omega(t) = U_{om}\sin\{m_F(\sin[\Omega(t - t_d)] - \sin\Omega t)\}$。

利用三角函数公式 $\sin x - \sin y = 2\sin[(x - y)/2]\cos[(x + y)/2]$，那么有

$$\sin[\Omega(t - t_d)] - \sin\Omega t = 2\sin\frac{-\Omega t_d}{2}\cos\Big(\Omega t - \frac{\Omega t_d}{2}\Big) \approx -\Omega t_d\cos\Big[\Omega\Big(t - \frac{t_d}{2}\Big)\Big]$$

其中用到了近似关系 $\sin(-\Omega t_d/2) \approx -\Omega t_d/2$，因为通常情况下 $\Omega t_d \ll 1$。于是，鉴频器输出电压信号 $u_\Omega(t)$ 可以近似表示为

$$u_\Omega(t) = -U_{om}\sin\{m_F\Omega t_d\cos\Omega(t - t_d/2)\} \approx$$

$$-U_{om}m_F\Omega t_d\cos\Omega(t - t_d/2) = U_\Omega\cos(\Omega t - \Omega t_d/2) \qquad (5-90)$$

由式（5-90）可以看出，通过移相、乘积再经滤波得到的输出信号 $u_\Omega(t)$ 就是原调制信号电压，只不过有一个附加的固定相移（$\Omega t_d/2$），相当于信号通过线性网络传输而形成的时间延迟。

这种将原始FM信号移相90°再乘积和滤波的鉴频器也称为"正交鉴频器"，其主要电路是移相器、乘法器和滤波器，便于集成化应用。在现在的集成电路调频（FM）接收机中，FM信号的解调大多数都采用这种正交鉴频器。

（5）利用脉冲计数的鉴频方法。利用脉冲计数的鉴频方法构成的鉴频器叫作"脉冲计数式鉴频器"，它在调频（FM）波的电压过零点处进行比较，得到如图5-30所示的一系列FM信号过零脉冲。因为FM信号的频率是随着调制信号 $u_\Omega(t)$ 电压变化而变化的，所以FM信号过零脉冲在相同的时间间隔内脉冲数量就会不同。在频率高处，过零脉冲的数量就多；而在频率低处，过零脉冲的数量就少。

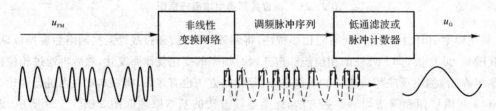

图 5-30　脉冲计数式鉴频器组成原理框图

利用这一特点，在FM波的每个正向（或负向）过零点形成等幅、等宽的过零脉冲，这个脉冲序列的平均分量就反映了频率的变化。用低通滤波器（或脉冲计数器）取出这个平均分量，它就是所需的FM波解调信号，其基本组成原理如图5-30所示。设输入FM波的瞬时频率为 $f(t) = f_c + \Delta f(t)$，其周期为 $T(t) = 1/f(t)$，则FM信号过零脉冲的平均分量 $u_{AV}(t)$ 为

$$u_{AV}(t) = U_m\tau/T(t) = U_m\tau[f_c + \Delta f(t)] \qquad (5-91)$$

式中　　U_m —— 调频（FM）信号等幅、等宽的过零脉冲的幅值；

　　　　τ　—— 调频（FM）信号等幅、等宽的过零脉冲的宽度。

式（5-91）表明，平均分量 $u_{AV}(t)$ 能够无失真地反映出输入调频波瞬时频率的变化，因此通过低通滤波器就能输出所需的解调电压，并不需要专门对脉冲计数。按照这种方法构成的鉴

频器也非常便于集成化和数字化,具有线性好、频带宽和中心频率范围宽等优点。在实际应用中,为了能够不失真地检出平均分量,应保证脉冲序列中两个相邻脉冲互不重叠,因此脉冲宽度 τ 不宜过大,应将它限制在输入调频信号最高瞬时频率的一个周期内,即

$$\tau < T_{\min} = 1/(f_0 + \Delta f_{\mathrm{m}}) \tag{5-92}$$

式中　　Δf_{m}——FM 信号最大频偏;

　　　　$T_{\min}$——FM 信号的最小周期。

2. 鉴相方法

鉴相就是把调相(ΦM)波信号瞬时相位的变化不失真地转变成电压变化,即实现相位-电压转换。实现鉴相的方法主要有两种:一种是相乘型鉴相(见图 5 - 31(a));另一种是叠加型鉴相(见图 5 - 31(b))。

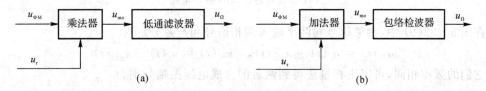

图 5 - 31　两种鉴相方法

(a) 相乘型鉴相;　(b) 叠加型鉴相

(1) 相乘型鉴相。如图 5 - 31(a) 所示,设输入为调相(ΦM) 信号

$$u_{\Phi M}(t) = U_{\mathrm{cm}}\cos[\omega_{\mathrm{c}}t + k_{\Phi}u_{\Omega}(t)] \quad \text{或} \quad u_{\Phi M}(t) = U_{\mathrm{cm}}\cos[\omega_{\mathrm{c}}t + \varphi(t)]$$

这里 $\varphi(t) = k_{\Phi}u_{\Omega}(t)$;另一个输入信号为 $u_{\mathrm{r}}(t)$ 为 $u_{\Phi M}(t)$ 的同频正交载波信号,即

$$u_{\mathrm{r}}(t) = U_{\mathrm{rm}}\cos[\omega_{\mathrm{c}}t + \pi/2] \tag{5-93}$$

设乘法器的乘积因子为 k_{m},则乘法器输出电压信号 $u_{\mathrm{mo}}(t)$ 为

$$u_{\mathrm{mo}}(t) = k_{\mathrm{m}}u_{\mathrm{r}}(t)u_{\Phi M}(t) = k_{\mathrm{m}}U_{\mathrm{rm}}U_{\mathrm{cm}}\cos[\omega_{\mathrm{c}}t + \frac{\pi}{2}]\cos[\omega_{\mathrm{c}}t + \varphi(t)] =$$

$$\frac{1}{2}k_{\mathrm{m}}U_{\mathrm{rm}}U_{\mathrm{cm}}\left\{\cos\left[\varphi(t) - \frac{\pi}{2}\right] + \cos\left[2\omega_{\mathrm{c}}t + \varphi(t) + \frac{\pi}{2}\right]\right\}$$

经低通滤波后,电压信号 $u_{\mathrm{mo}}(t)$ 中的高频分量($2\omega_{\mathrm{c}}$) 被滤除,得到低频分量为

$$u_{\Omega}(t) = \frac{1}{2}k_{\mathrm{m}}k_{\mathrm{LF}}U_{\mathrm{rm}}U_{\mathrm{cm}}\cos\left[\varphi(t) - \frac{\pi}{2}\right] = k_{\Omega}\sin[\varphi(t)] \tag{5-94}$$

其中,$k_{\Omega} = k_{\mathrm{m}}k_{\mathrm{LF}}U_{\mathrm{rm}}U_{\mathrm{cm}}/2$,$k_{\mathrm{LF}}$ 为低通器通带系数。如果 $|\varphi(t)| \leqslant \pi/12$,则上式可以近似写为

$$u_{\Omega}(t) \approx k_{\Omega}\varphi(t) \tag{5-95}$$

即输出电压 $u_{\Omega}(t)$ 与 $\varphi(t)$ 成线性关系,可实现线性鉴相。

需要特别指出的是,如图 5 - 31(a) 所示的鉴相器与如图 5 - 7 所示的同步检波器在组成结构上是相同的,只不过两者的输入信号不同;也就是说,相同的电路因为有不同的输入信号而实现不同的功能。这对于在应急情况下不同设备之间的替代应用是有启发意义的。

(2) 叠加型鉴相。在图 5 - 31(b) 中,输入信号与图 5 - 31(a) 的输入信号相同,即

$$u_{\Phi M}(t) = U_{\mathrm{cm}}\cos[\omega_{\mathrm{c}}t + \varphi(t)], \quad u_{\mathrm{r}}(t) = U_{\mathrm{rm}}\cos[\omega_{\mathrm{c}}t + \pi/2]$$

在实际应中往往平衡使用,即用两个叠加型鉴相器平衡叠加,输入的参考信号 $u_{\mathrm{r}}(t)$ 相同,但输入的调相信号一个是 $u_{\Phi M}(t)$,而另一个是 $-u_{\Phi M}(t)$,其组成原理框图如图 5 - 32(a) 所示,图

5－32(b)所示则是实现它的基本(典型)电路。

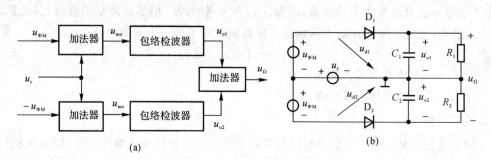

图 5－32　平衡式叠加型鉴相器

(a)组成原理;　(b)基本电路

在图 5-32(b) 中,参考信号和两个输入调相信号和与差分别为

$$u_{d1}(t) = u_r(t) + u_{\Phi M}(t), \quad u_{d1}(t) = u_r(t) - u_{\Phi M}(t)$$

由于它们的频率相同,可以用相量法得到两者的合成电压振幅分别为

$$
\left.
\begin{aligned}
U_{d1} &= \sqrt{U_{cm}^2 + U_{rm}^2 + 2U_{cm}U_{rm}\sin\varphi(t)} \\
U_{d2} &= \sqrt{U_{cm}^2 + U_{rm}^2 - 2U_{cm}U_{rm}\sin\varphi(t)}
\end{aligned}
\right\}
\tag{5-96}
$$

显然,$u_{d1}(t)$ 和 $u_{d2}(t)$ 的振幅 U_{d1} 和 U_{d2} 是随 $\varphi(t) = k_\Phi u_\Omega(t)$ 的变化而变化的,即 $u_{d1}(t)$ 和 $u_{d2}(t)$ 幅度受到了 $u_\Omega(t)$ 的非线性调制;也就是说,$u_{d1}(t)$ 和 $u_{d2}(t)$ 是调相-调幅波,只不过调幅不是线性,而是具有式(5-96)所示的非线性形式。下面讨论三种特殊的情况,以近似得到调相-线性调幅波,然后通过后面的包络检波,实现线性鉴相。

第一种情况:$U_{cm} \ll U_{rm}$。这是符合实际情况的,因为通过天线接收的调相波信号通常很微弱,而本地参考信号 $u_r(t)$ 则会很强。于是,式(5-96)可近似简化为

$$U_{d1} = U_{rm}\sqrt{\frac{U_{cm}^2}{U_{rm}^2} + 1 + \frac{2U_{cm}}{U_{rm}}\sin\varphi(t)} \approx U_{rm}\sqrt{1 + \frac{2U_{cm}}{U_{rm}}\sin\varphi(t)} \approx U_{rm} + U_{cm}\sin\varphi(t)$$

同理可得

$$U_{d2} = U_{rm}\sqrt{\frac{U_{cm}^2}{U_{rm}^2} + 1 - \frac{2U_{cm}}{U_{rm}}\sin\varphi(t)} \approx U_{rm}\sqrt{1 - \frac{2U_{cm}}{U_{rm}}\sin\varphi(t)} \approx U_{rm} - U_{cm}\sin\varphi(t)$$

如果在图 5-32(b) 中上、下两个包络检波器的传输系数 $K_{d1} = K_{d1} = K_d$,那么包络检波器输出电压

$$u_{o1} = K_d U_{d1} \approx K_d[U_{rm} + U_{cm}\sin\varphi(t)], \quad u_{o2} = K_d U_{d2} \approx K_d[U_{rm} - U_{cm}\sin\varphi(t)]$$

那么平衡式叠加型鉴相器输出的总电压为

$$u_\Omega(t) = u_{o1} - u_{o2} = K_d(U_{d1} - U_{d2}) \approx 2K_d U_{cm}\sin\varphi(t) \tag{5-97}$$

如果满足与相乘型鉴相器类似地条件($|\varphi(t)| \leqslant \pi/12$),则有

$$u_\Omega(t) \approx 2K_d U_{cm}\varphi(t) \tag{5-98}$$

即实现了线性鉴相,注意其线性鉴相范围是 $|\varphi(t)| \leqslant \pi/12$。

第二种情况:$U_{cm} \gg U_{rm}$。这种情况在工程中出现的可能性比较小。同理可得

$$u_\Omega(t) \approx 2K_d U_{rm}\varphi(t) \tag{5-99}$$

由式(5-98)和式(5-99)可以看出,如果输入信号与参考信号的振幅之间相差非常大,那么鉴

相器输出电压 $u_\Omega(t)$ 的大小取决于振幅小的输入信号的振幅。

第三种情况：$U_{cm} = U_{rm}$。这种情况在工程中也容易满足，由式(5-96)易得

$$U_{d1} = \sqrt{2} U_{cm} \sqrt{1 + \sin\varphi(t)}, \quad U_{d2} = \sqrt{2} U_{cm} \sqrt{1 - \sin\varphi(t)}$$

那么有 $u_\Omega(t) = \sqrt{2} K_d U_{cm} (\sqrt{1 + \sin\varphi(t)} - \sqrt{1 - \sin\varphi(t)})$。利用三角函数公式

$$\sqrt{1 + \sin x} = \cos(x/2) + \sin(x/2), \quad \sqrt{1 - \sin\varphi(t)} = \cos(x/2) - \sin(x/2)$$

容易得到

$$u_\Omega(t) \approx 2\sqrt{2} K_d U_{cm} \sin\frac{\varphi(t)}{2} \tag{5-100}$$

于是，只要 $|\varphi(t)/2| \leqslant \pi/12$，式(5-100)即可近似写为

$$u_\Omega(t) \approx 2\sqrt{2} K_d U_{cm} \frac{\varphi(t)}{2} = \sqrt{2} K_d U_{cm} \varphi(t) \tag{5-101}$$

注意这时其线性鉴相范围是 $|\varphi(t)| \leqslant \pi/6$，即当输入调相信号与参考信号振幅相等时，鉴相器的线性范围增大了一倍。因此，在实际应用中常把平衡式叠加型鉴相器输入参考电压 u_r 的振幅 U_{rm} 调节到与输入调相信号 $u_{\Phi M}$ 的振幅 U_{cm} 尽可能地相等。

3. 几种典型的鉴频电路

(1) 失谐回路振幅鉴频器。为了把调频(FM)信号中的瞬时频率变化转化为幅度的变化，利用谐振回路的幅频特性曲线(见图 5-33)，使 LC 并联谐振回路相对于 FM 信号的载波频率 ω_c 工作在失谐区，即 LC 谐振回路中心频率 ω_0 大于(或小于)ω_c。对于不同的瞬时频率，LC 谐振回路的失谐阻抗也就不同，因此 LC 回路的端电压就是一个调频-调幅波，其振幅 U_{FM-AM} 将随 FM 信号的瞬时频偏 $\Delta\omega(t)$ 而变化。

设 FM 信号载波频率 ω_c 小于 LC 谐振回路中心频率 ω_0，那么当瞬时频率 $\omega(t) > \omega_c$ 时回路失谐小，回路输出电压振幅 U_{FM-AM} 就大；当 $\omega(t) < \omega_c$ 时，回路失谐大，回路输出电压振幅 U_{FM-AM} 就小。当 FM 信号的瞬时频率随调制信号 $u_\Omega(t)$ 改变时，回路阻抗的失谐程度也随之改变，使回路输出电压振幅变化规律与调制信号 $u_\Omega(t)$ 一致。将调频-调幅波通过包络检波器进行振幅检波，就可以还原出原调制信号，从而完成振幅鉴频过程。

为了实现线性鉴频，要尽量利用幅频特性曲线的线性区，并使载波频率 ω_c 位于线性区的中点。单谐振回路幅频特性曲线的线性范围比较窄，为了扩大鉴频特性的线性范围，可以采用双失谐回路进行振幅鉴频(见图 5-33(b))，上、下两个谐振回路的中心频率分别调谐于 ω_{01}，ω_{02}，且 $\omega_{01} > \omega_c$，$\omega_{02} < \omega_c$(或者 $\omega_{01} < \omega_c$，$\omega_{02} > \omega_c$)，$\omega_{01} - \omega_c = \omega_c - \omega_{02} \geqslant \Delta\omega_m$，于是双失谐回路的输出解调电压是单失谐回路输出解调电压的差，而且扩大了鉴频特性的线性范围。在实际应用中，常采用一种集成差分峰值振幅鉴频器，在芯片内部集成差分放大器、峰值包络检波器，而在芯片管脚上外接适当的电感、电容元件构成频率-幅度变换网络，将 FM 信号转换成 FM-AM 信号，然后由集成芯片输出解调信号。

(2) 互感耦合相位鉴频器。互感耦合相位鉴频器的典型电路如图 5-34(a) 所示，图 5-34(b) 是其简化等效电路，它由放大器、频率-相位转换网络和平衡式叠加型鉴相器等三部分组成。从图 5-34(b) 可以看出，互感耦合相位鉴频器的等效电路就是一个典型的平衡式叠加型鉴相器，所以只要重点讨论其中的电压源 u_2 是如何从 FM 信号(u_{FM})转换成调频-调相(FM-ΦM)信号的就可以了，为此把其中的频率-相位转换网络单独拿出来进行讨论，考虑其

中电感 L_1，L_2 损耗电阻 r_1，r_2 的等效电路如图 $5-35(a)$ 所示。

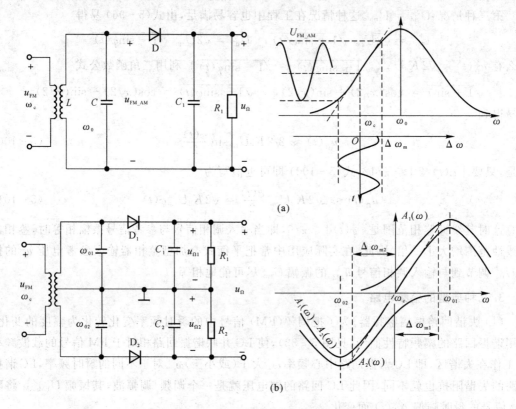

图 5 - 33　失谐回路振幅鉴频器原理电路
（a）单失谐回路；　（b）双失谐回路

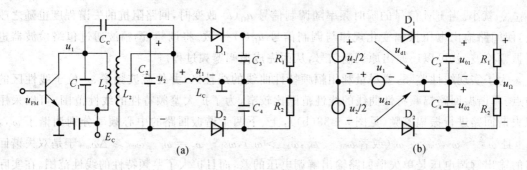

图 5 - 34　相位鉴频器原理电路

　　显然，如图 $5-35(a)$ 所示电路是一个互感 M 耦合的双调谐回路，初级回路 L_1C_1 和次级回路 L_2C_2 都调谐在 FM 信号载波频率 ω_c 上。如果忽略次级回路对初级回路的影响，并假设次级谐振回路的品质因数 Q 值足够大，可以忽略二极管包络检波器等效输入电阻对次级回路的影响，那么初级回路中流过电感 L_1 的电流 i_1 和次级回路中产生的感应电动势 E_2 近似为

$$i_1(\mathrm{j}\omega) = \frac{u_1(\mathrm{j}\omega)}{r_1 + \mathrm{j}\omega L_1} \approx \frac{u_1(\mathrm{j}\omega)}{\mathrm{j}\omega L_1}, \qquad E_2(\mathrm{j}\omega) = \mathrm{j}\omega M i_1(\mathrm{j}\omega) \approx \frac{M}{L_1} u_1(\mathrm{j}\omega)$$

那么次级回路中的电流 i_2 可以表示为

$$i_2(\mathrm{j}\omega) = \frac{E_2(\mathrm{j}\omega)}{r_2 + \mathrm{j}(\omega L_1 - 1/\omega C_2)} \approx \frac{M}{L_1} \frac{u_1(\mathrm{j}\omega)}{r_2 + \mathrm{j}(\omega L_1 - 1/\omega C_2)}$$

所以,次级回路(电容 C_2)两端的电压 u_2 为

$$u_2(\mathrm{j}\omega) = \frac{i_2(\mathrm{j}\omega)}{\mathrm{j}\omega C_2} \approx -\mathrm{j}\frac{M}{L_1 C_2}\frac{u_1(\mathrm{j}\omega)}{r_2 + \mathrm{j}(\omega L_1 - 1/\omega C_2)}$$

从而得到初级回路电压 u_1(FM 信号)与次级回路电压 u_2 之间的关系为

$$\frac{u_2(\mathrm{j}\omega)}{u_1(\mathrm{j}\omega)} \approx -\mathrm{j}\frac{M}{\omega L_1 C_2[r_2 + \mathrm{j}(\omega L_1 - 1/\omega C_2)]} =$$

$$\frac{M}{\omega L_1 C_2 r_2 \sqrt{1+\xi^2}} \exp\left[\mathrm{j}-\frac{\pi}{2} - \arctan\xi\right) = \frac{M}{\omega L_1 C_2 r_2 \sqrt{1+\xi^2}} \mathrm{e}^{\mathrm{j}\varphi(t)} \quad (5-102)$$

式中 $\varphi(t) = -\dfrac{\pi}{2} - \arctan\xi$ 为 u_2 与 u_1 之间的相位差;$\xi = Q \times 2\Delta f(t)/f_c$ 为广义失谐;Q 为次级谐振回路的品质因数。

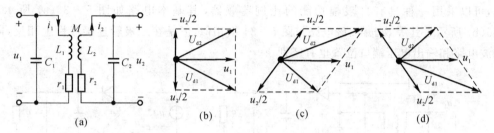

图 5 - 35　频率-相位转换网络及各信号的相量关系
(a) 频率-相位转换;　(b)$\omega = \omega_c$;　(c)$\omega > \omega_c$;　(d)$\omega < \omega_c$

设调频(FM)信号瞬时频率的变化范围在耦合回路的通带之内,而且 u_2 与 u_1 的幅度在瞬时频率的变化范围内基本不变,当广义失谐 ξ 比较小时 $\arctan\xi \approx \xi$ 成立,那么相位差可以近似表示为

$$\varphi(t) \approx -\frac{\pi}{2} - \xi = -\frac{\pi}{2} - Q\frac{2\Delta f(t)}{f_c} \quad (5-103)$$

由式(5-103)和式(5-102)可以看出,FM 信号瞬时频率的变化 $\Delta f(t)$ 通过互感 M 耦合回路的频率-相位转换后,变成了瞬时相位的变化,即

$$\Delta\varphi(t) \approx (2Q/f_c)\Delta f(t) \quad (5-104)$$

而且两者之间近似成线性关系。下面,利用 u_2 与 u_1 之间相位差随输入 FM 信号瞬时频率而变化的特性,分几种情况进行讨论:

第一种情况:当输入 FM 信号的瞬时频率 $\omega(t)$ 等于载波频率 ω_c 时,式(5-103)中的 $\Delta f(t) = 0$,那么有 $\varphi(t) = -\pi/2$,即 u_2 落后 u_1 相位 $\pi/2$,叠加后的 u_{d1} 与 u_{d2} 振幅相等(见图5-35(b));若两个检波器的传输系数均为 K_d,那么鉴频器的解调输出电压为 0,即

$$u_\Omega = K_d(U_{d1} - U_{d2}) = 0 \quad (5-105)$$

第二种情况:当输入 FM 信号的瞬时频率 $\omega(t)$ 大于载波频率 ω_c 时,次级回路呈容性($\omega L_2 > 1/\omega C_2$),式(5-103)中的 $\Delta f(t) > 0$,即式(5-104)中 $\Delta\varphi(t) > 0$,且随着瞬时频率 $\omega(t)$ 的增加,u_2 与 u_1 之间的相位差向接近于 $-\pi$ 的方向变化(见图5-35(c))。此时,u_{d1} 的振幅小于 u_{d2} 的振幅,即

$$u_\Omega = K_d(U_{d1} - U_{d2}) < 0 \tag{5-106}$$

第三种情况：当输入 FM 信号的瞬时频率 $\omega(t)$ 小于载波频率 ω_c 时，次级回路呈感性（$\omega L_2 < 1/\omega C_2$），情况刚好与第二种情况相反。随着瞬时频率 $\omega(t)$ 的减小，u_2 与 u_1 之间的相位差向接近于 0° 的方向变化（见图 5-35(d)）。此时，u_{d1} 的振幅大于 u_{d2} 的振幅，即

$$u_\Omega = K_d(U_{d1} - U_{d2}) > 0 \tag{5-107}$$

综上所述，互感 M 耦合回路相位鉴频器中的双耦合回路是一个"频率-相位"变换网络，它把 FM 信号变换成 FM-ΦM 信号；之后，经过平衡式叠加型鉴相器，又把 FM-ΦM 信号变换成 FM-ΦM-AM 信号，再通过包络检波器可以恢复原调制信号。改变电路互感 M 和回路的 Q 值，可以比较方便地调节鉴频器特性曲线的形状，从而获得良好的线性解调和较高的鉴频灵敏度，并使其最大带宽适应待解调 FM 信号的最大频偏范围的要求。

（3）互感耦合比例鉴频器。在上述相位鉴频器中，容易出现波形失真和寄生调幅，故在一般情况下相位鉴频器前都必须加限幅器，从而使电路比较繁杂。为了简化电路、缩小体积、降低成本，可以采用一种具有自限幅功能的比例鉴频器，其基本电路如图 5-36(a) 所示，图 5-36(b) 所示是其等效电路。该电路与图 5-34 很相似，但是在二极管连接极性上相反，同时在检波电路和输出电压端口位置也有区别。

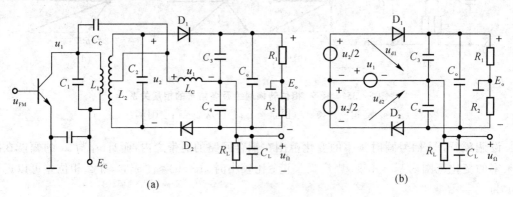

图 5-36　比例鉴频器原理电路
（a）原理电路；　（b）等效电路

在电路输入端的频率-相位变换网络与图 5-34 的互感 M 耦合相位鉴频器是一样的，所以初级回路调频（FM）信号 u_1 与次级回路调频-调相信号 u_2 之间仍然满足式（5-102）所示的关系，但是上、下两个包络检波器由二极管连接极性相反，所以在检波器输入端的合成高频信号 u_{d1} 和 u_{d2} 有的不同，即

$$u_{d1} = u_2/2 + u_1, \quad u_{d2} = u_2/2 - u_1 \tag{5-108}$$

设 u_{d1} 和 u_{d2} 的包络振幅为 U_{d1} 和 U_{d2}，那么上、下两个检波器的输出电压（即电容 C_3、C_4 两端的电压）分别为 $u_{o1} = K_d U_{d1}$，$u_{o2} = K_d U_{d2}$，那么电容 C_o 两端的电压

$$E_o = u_{o1} + u_{o2} = K_d(U_{d1} + U_{d2}) \tag{5-109}$$

从图 5-36(b) 中可以看出，鉴频器输出电压 u_Ω 与 u_{o1}，u_{o2}，E_o 之间的关系为

$$u_{o1} + u_\Omega = E_o/2, \quad u_{o2} - u_\Omega = E_o/2 \tag{5-110}$$

所以鉴频器输出电压 u_Ω 可以表示为

$$u_\Omega = \frac{1}{2}(u_{o2} - u_{o1}) = \frac{1}{2}K_d(U_{d2} - U_{d1}) \tag{5-111}$$

与上节类似地,可以利用 u_2 与 u_1 之间的相位关系随输入 FM 信号的瞬时频率而变化的特性,由式(5-108)分以下三种情况(见图 5-37)进行讨论:

第一种情况:瞬时频率等于载波频率($\omega = \omega_c$)时,次级电压 u_2 与初级电压 u_1 之间的相位差为 $-\pi/2$(见图 5-37(a)),此时 $|u_{d1}| = |u_{d2}|$,那么有 $U_{d1} = U_{d2}$,所以输出信号 $u_\Omega = K_d(U_{d2} - U_{d1})/2 = 0$。

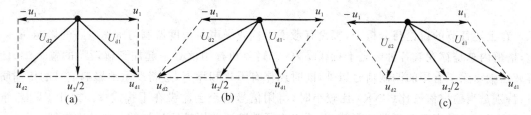

图 5-37　比例鉴频器各信号的相量关系

(a)$\omega = \omega_c$;　(b)$\omega > \omega_c$;　(c)$\omega < \omega_c$

第二种情况:瞬时频率大于载波频率($\omega > \omega_c$)时,随着瞬时频率的增加,次级电压 u_2 与初级电压 u_1 之间的相位差向接近 $-\pi$ 的方向变化(见图 5-37(b)),此时 $|u_{d1}| < |u_{d2}|$,那么有 $U_{d1} < U_{d2}$,所以输出信号 $u_\Omega = K_d(U_{d2} - U_{d1})/2 > 0$。

第三种情况:瞬时频率小于载波频率($\omega < \omega_c$)时,随着瞬时频率的减小,次级电压 u_2 与初级电压 u_1 之间的相位差向接近 $0°$ 的方向变化(见图 5-37(c)),此时 $|u_{d1}| > |u_{d2}|$,那么有 $U_{d1} > U_{d2}$,所以输出信号 $u_\Omega = K_d(U_{d2} - U_{d1})/2 < 0$。

综上所述,当比例鉴频器输入调频(FM)信号时,只要 FM 信号的最大频偏在鉴频器特性曲线的线性鉴频区,就可以解调还原出原调制信号 $u_\Omega(t)$。而且,它还有一个非常重要的特点,即输出电压只取决于 FM 信号的瞬时频率变化,与输入 FM 信号的幅度变化的大小无关,而只与比值(U_{d1}/U_{d2})有关,其原理如下:

$$u_\Omega = \frac{1}{2}(u_{o2} - u_{o1}) = \frac{1}{2}\frac{(u_{o2} - u_{o1})(u_{o2} + u_{o1})}{u_{o2} + u_{o1}} = \frac{E_o}{2}\frac{u_{o2} - u_{o1}}{u_{o2} + u_{o1}} =$$
$$\frac{E_o}{2}\frac{1 - u_{o1}/u_{o2}}{1 + u_{o1}/u_{o2}} = \frac{E_o}{2}\frac{1 - U_{d1}/U_{d2}}{1 + U_{d1}/U_{d2}} \tag{5-112}$$

在式(5-112)中,E_o 是电容 C_o 两端的电压,由于电容 C_o 与($R_1 + R_2$)有较大的时间常数(0.2s 左右,远大于低频调制信号的最大周期),因此在检波过程中 E_o 几乎不变,于是 $u_\Omega(t)$ 的大小只取决于比值(U_{d1}/U_{d2});当调频(FM)信号的瞬时频率改变时,比值(U_{d1}/U_{d2})也随之变化,即完成了鉴频过程,故称为"比例鉴频器"。若 FM 信号还伴随有寄生调幅现象,这时 U_{d1},U_{d2} 将会同时增大或减小,但是它们的比值(U_{d1}/U_{d2})将维持不变,因而输出电压 $u_\Omega(t)$ 与输入 FM 波的幅度变化无关,即比例鉴频器抑制了 FM 波中寄生调幅的作用。

实际上,当输入调频(FM)信号的幅度有变化(即发生寄生调幅现象)时,例如幅度增大(或减小),那么 U_{d1},U_{d2} 都随之增大(或减小),流过二极管 D_1 和 D_2 的平均电流将增大(或减小);但是,由于电容 C_o 的滤波作用使 E_o 基本不变,这就意味着二极管的导通角加大(或减小),相当于检波器的传输系数 K_d 减小(或增大)了。因此,即使 U_{d1},U_{d2} 都增大(或减小),但输

出电压 u_{o1}，u_{o2} 之和（E_o）却没有增大。由于 E_o 基本不变，相当于给二极管提供了一个固定的直流反向偏置电压。如果输入调频（FM）信号的幅度在某一时段内太小，二极管就会截止，那么鉴频器在这一时段就失去了鉴频作用，从而使输出信号产生严重的失真。这种现象称为"向下寄生调幅的阻塞现象"；为了降低这一现象的影响，可以在二极管支路中串联小的电阻以减小 E_o 对二极管的反偏。

5.2.5　频率调制的抗干扰特性及特殊电路

在上述各节的讨论与分析中，都没有考虑干扰或噪声对角度调制与解调电路的影响。实际上，信道内总是存在着各种电磁干扰或噪声，它们会和有用信号一起加到解调器的输入端，使解调器输出除了有用的调制信号以外，同时还伴有干扰和噪声，这将严重地影响信号的传输质量，特别是当输出信噪比（SNR）比较小时，有用信号甚至会淹没在干扰或噪声之中。下面，重点讨论干扰或噪声对鉴频器的影响，并给出为了消除这些影响所增加的一些特殊电路。

1. 鉴频器输出的噪声功率谱密度

信号在解调之前都必须先通过接收机前端的带通滤波器（BPF）。如果接收机前端输入的噪声功率密度为均匀分布的白噪声，那么经过 BPF 后在调频解调器（鉴频器）的输入端出现的信号将是带限高斯噪声和调频信号。这一过程如图 5-38 所示，其中在鉴频器输入端的带限高斯噪声可以表示为

$$u_{ni}(t) = n_c(t)\cos\omega_0 t - n_s(t)\sin\omega_0 t \tag{5-113}$$

式中　　ω_0 —— 调频（FM）信号的载波频率，也是带通滤波器的中心频率；

$n_c(t)$ —— 白噪声通过 BPF 后的正交分量；

$n_s(t)$ —— 白噪声通过 BPF 后的同相分量。

为了简化讨论，不失一般性，设输入的调频（FM）信号不带信息，即低频调制（基带）信号 $u_\Omega(t)$ 为零，仅有载波信号 $U_m\cos\omega_0 t$。也就是说，鉴频器输入端的信号为载波和带限高斯噪声，即

$$\begin{aligned} u_i(t) &= u_{FM}(t) + u_{ni}(t) = U_m\cos\omega_0 t + n_c(t)\cos\omega_0 t - n_s(t)\sin\omega_0 t = \\ &\quad [U_m + n_c(t)]\cos\omega_0 t - n_s(t)\sin\omega_0 t = \\ &\quad A(t)\cos[\omega_0 t + \varphi_n(t)] \end{aligned} \tag{5-114}$$

其中，考虑到载波信号幅度通常要远大小于噪声幅值，有

$$A(t) = \sqrt{[U_m + n_c(t)]^2 + n_s^2(t)}, \quad \varphi_n(t) = \arctan\frac{n_s(t)}{U_m + n_c(t)} \approx \frac{n_s(t)}{U_m} \tag{5-115}$$

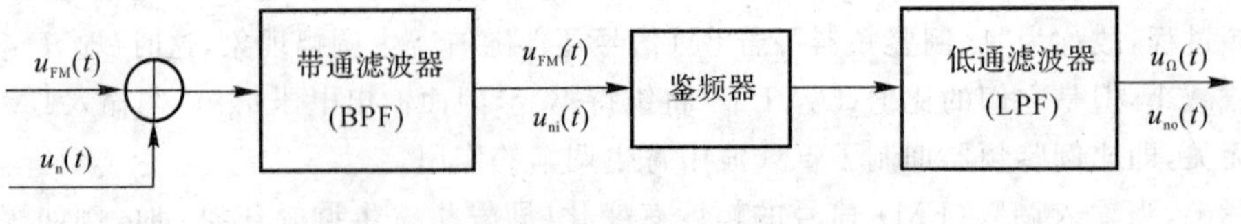

图 5-38　鉴频器的噪声输入过程

显然，由式（5-114）可以看出，带限高斯噪声在鉴频器输入端与载波信号一起形成了一个

新的调频信号,其瞬时相位变化即为式(5－115)中的 $\varphi_n(t)$,主要成分是白噪声通过带通滤波器的同相分量,那么通过鉴频器的解调后输出噪声电压为

$$u_{no}(t) = K_N \frac{d\varphi_n(t)}{dt} \approx \frac{K_N}{U_m} \frac{dn_s(t)}{dt} \qquad (5－116)$$

设 $n_s(t)$ 的某一频率分量为 $N_s\sin(\omega t + \varphi_n)$,求导后得 $N_s\omega\cos(\omega t + \varphi_n)$,所以式(5-116)中某一频率分量的噪声电压幅值必然正比于频率 ω,即 $U_{no}(\omega) \propto \omega$。因此,在输入带限噪声〔功率谱密度 $G_{ni}(\omega)$ 见图5-39(a)〕的情况下,鉴频器输出的噪声功率谱密度 $G_{no}(\omega)$ 将正比于频率的二次方,即

$$G_{no}(\omega) \propto |U_{no}(\omega)|^2 \propto \omega^2 \qquad (5－117)$$

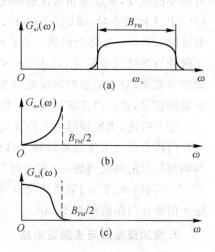

图 5－39　鉴频器噪声功率谱密度

从式(5-117)可以看出,鉴频器输出的噪声功率谱密度 $G_{no}(\omega)$ 将随调制信号频率的增大而呈平方律增大(见图5－39(b));对于有用信号而言,功率谱 $G_{so}(\omega)$ 的大部分能量集中在低频部分,高频部分能量则比较弱(见图5-39(c))。于是,对比来看,调制信号的高频部分功率谱密度小,而鉴频器输出噪声的高频部分功率谱密度却很大,这使得鉴频器输出的调制信号在高频端的信噪比(SNR)严重恶化。

为了改善鉴频器在调制信号高频端的输出信噪比,有必要提升调制信号 $u_\Omega(t)$ 中的高频分量,为此需要在调频发射机中增加一个特殊的电路,即预加重网络。但是,仅仅提升 $u_\Omega(t)$ 中的高频分量会引起信号频率失真,那么相应地需要在调频接收机中采取措施而增加一种特殊的电路,即去加重网络,从而把解调出来的 $u_\Omega(t)$ 还原到最原始的状态。

理论上可以导出,调频接收机在高输入信噪比(SNR)的条件下,鉴频器输入信噪比 (P_{si}/P_{ni}) 与输出信噪比 (P_{so}/P_{no}) 之间的关系为

$$\frac{P_{so}}{P_{no}} = 3m_F^2(m_F + 1)\frac{P_{si}}{P_{ni}} = G_{FM}\frac{P_{si}}{P_{ni}} \qquad (5－118)$$

式中　$G_{FM} = 3m_F^2(m_F + 1)$——调频解调器的制度增益。

由式(5-118)可以看出,随着调制指数 m_F 的增大,调频解调器的制度增益 G_{FM} 将会急剧增大,因而使系统的抗干扰性能变得更好。但是,FM信号占用的带宽也会增大,即 $B_{FM} = 2(m_F + 1)F_{max}$($F_{max}$ 为低频调制信号的最高频率)。这就表明,调频系统抗干扰性能的改善,是以增加 FM 信号的传输带宽为代价的。

2. 调频信号解调的门限效应

类似地,为了简化讨论,设鉴频器输入端的调频信号仅有载波($U_m\cos\omega_c t$),改变载波信号的振幅 U_{cm},相当于改变了鉴频器输入端的信噪比 (P_{si}/P_{ni})。在式(5-118)中,要求输入信噪比也比较大才成立;若输入信噪比太小(低于某一数值)时,鉴频器的输出信噪比 (P_{so}/P_{no}) 将突变恶化,有用信号甚至完全淹没在噪声之中,从而导致调频信号无法正常接收。这个突变恶化所对应的输入信噪比,就是鉴频器的输入信噪比门限值,在工程中常将输入信噪比低于此门限值所发生的现象叫作调频信号解调时的"门限效应"。

由式(5-114)可知,鉴频器输入端的 FM 信号(此时只有载波)和噪声可以表示为 $u_i(t) = A(t)\cos[\omega_0 t + \varphi_n(t)]$,其中 $\varphi_n(t)$ 是合成噪声相移,显然是一个随机变量。当输入信噪比 (P_{si}/P_{ni}) 比较大时,由式(5-115)可以看出,$\varphi_n(t)$ 的变化不大,其微分 $d\varphi_n(t)/dt$ 不会造成瞬时频率的突变,所以鉴频器在解调此瞬时频率变化时其输出的噪声也就比较小。当输入信噪比 (P_{si}/P_{ni}) 比较小时,即 $U_m \ll n_s(t)$,那么 $\varphi_n(t)$ 将在 $(0 \sim 2\pi)$ 之间急剧变化,当 $\varphi_n(t)$ 由 $0 \to 2\pi$ 突变时,$d\varphi_n(t)/dt$ 将会得到一个正向的很大的脉冲式瞬时频率变化(对应地鉴频器输出一个正脉冲);当随机变量 $\varphi_n(t)$ 由 $2\pi \to 0$ 突变时,$d\varphi_n(t)/dt$ 就会得到一个负向的很大的脉冲式瞬时频率变化(对应地鉴频器输出一个负脉冲)。于是,鉴频器输出噪声就是一系列随机的强正、负脉冲信号,若是语音解调则会产生啸叫,使输出信噪比急剧下降。

综上所述,当鉴频器输入信噪比低于门限值时,调频解调器的抗噪声性能将严重恶化,只有在门限值以上工作的鉴频器才具有比较强的抗噪声能力。一般地,输入信噪比门限值的大小与调频信号的调制指数 m_F 密切相关,当 m_F 比较大时因为带宽更宽,故门限值也会比较大;但是,在不同的 m_F 下,门限值变化范围并不大,约在 $8 \sim 11$ dB 之内变化,所以一般认为鉴频器的输入信噪比门限值约为 10 dB。

3. 预加重电路与去加重电路

因为鉴频器输出噪声功率谱密度按频率的平方律增加,所以解调输出信号在高频端的信噪比很低,对调制信号的接收很不利。为此,在调制信号的发射和接收系统中广泛采用预加重和去加重技术。

如图 5-40(a) 所示,预加重技术就是在发射系统中将低频调制信号 $u_\Omega(t)$ 通过一个高通滤波器,其传递函数满足

$$| H(j\Omega) |^2 \propto \Omega^2 \quad \text{或} \quad | H(j2\pi F) |^2 \propto (2\pi F)^2 \qquad (5-119)$$

这相于一个微分电路,在广播 FM 发射机中常设定 $F_1 = 2.1$ kHz,$F_2 = 15$ kHz,此时电容 C 和电阻 R_1 的时间常数为 $\tau = 75$ μs。

为了克服预加重电路引起的低频调制信号的高频端频率失真,那么在接收端增加一个与预加重电路具有相反频率特性的去加重电路如图 5-40(b) 所示,其传递函数满足

$$| H(j\Omega) |^2 \propto \Omega^{-2} \quad \text{或} \quad | H(j2\pi F) |^2 \propto (2\pi F)^{-2} \qquad (5-120)$$

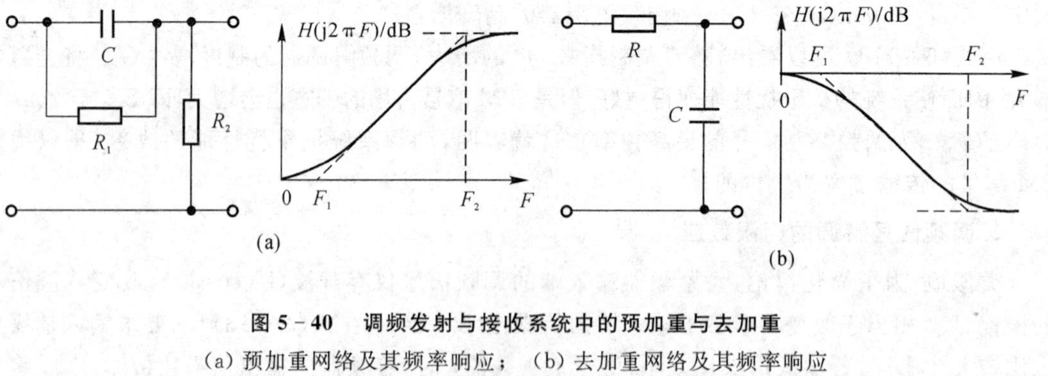

图 5-40　调频发射与接收系统中的预加重与去加重
(a) 预加重网络及其频率响应；　(b) 去加重网络及其频率响应

预加重电路与去加重电路的频率响应乘积应为一个常数,这样才能保证在调频信号的发射与接收过程中,低频调制信号经过调制器的预加重和解调(鉴频)器的去加重后,鉴频器还

原的调制信号不会失真。

4. 静噪电路

调频信号解调时的门限效应会使调频接收系统在无信号（或弱信号、或调节搜索信号）时，此时的鉴频器会由于输入信噪比低于门限值而输出很强的噪声，可能会令收信者（接收方）难以忍受。那么，在这种情况下就要想办法抑制这种噪声的输出，最直接最自然的方式就是当噪声很大时切断输出通路。通常的做法就是增加静噪电路去控制低频放大器的通断（见图 5－41）。

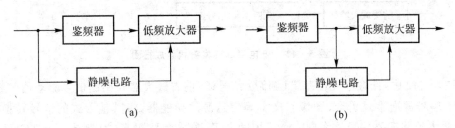

图 5－41　静噪电路的两种接入方式
（a）接鉴频器输入端；　（b）接鉴频器输出端

在需要切断噪声输出时，静噪电路利用鉴频器输出噪声大的特点，产生一个控制信号去控制低频放大器，使之停止工作，从而达到静噪的目的；当噪声比较小，静噪电路复位使低频放大器正常工作。静噪电路有两种连接方式：一种是接在鉴频器的输入端，如图 5－41(a) 所示；另一种是接在鉴频器的输出端，如图 5－41(b) 所示。从检测噪声的方便性来看，接在鉴频器的输出端会比较好，因为在输出端更能反映鉴频输出噪声的门限效应。

5.3　调幅(AM) 与调频(FM) 系统

在一个调幅(AM) 或调频(FM) 系统当中，发射机和接收机是系统的两个最核心的部件，都是为了使基带(调制) 信号在信道中有效和可靠地传输而设置的，它们通常都包括三个组成部分：高频单元、低频单元和电源单元。下面重点介绍一下调幅(AM) 发射机、接收机和调频(FM) 发射机、接收机的典型组成，从中可以学习和了解以前所学电路组合在一起构成一个实用系统的基本方法。

5.3.1　调幅(AM) 发射机

调幅(AM) 发射机常分为低电平调幅和高电平调幅两大类型。

低电平调幅发射机是先完成低电平调幅，然后通过多级高频功率放大器将已调信号放大后发射出去（见图 5－42）。低电平调幅多用于小功率、低容量系统，如无线对讲机、遥控单元、寻呼机、小范围步话机等。

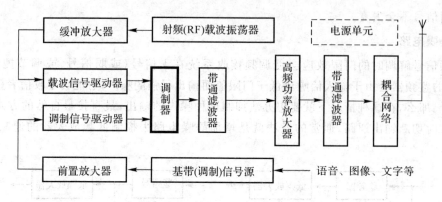

图 5 – 42　低电平 AM 发射机组成框图

在图 5 – 42 中,低频单元由基带(调制)信号源、前置放大器和调制信号驱动器等组成。基带(调制)信号源通常是语音、图像和文字等信息源的换能器,将其他形式的信号转换成电信号;前置放大器将调制信号放大到一个可用的电平,输入阻抗很高,通常是一个非常灵敏的线性电压放大器;调制信号驱动器也是一个线性低频放大器,对调制信号进一步放大,使其能够驱动低电平调幅电路(调制器)。在高频单元中,射频(RF)载波振荡器是一个高频正弦波振荡器,若频率稳定性要求不高则可以采用前面介绍的三点式电容(或电感)振荡电路,否则就需要采用晶体振荡器;缓冲放大器是一个低增益、高输入阻抗的高频小信号放大器,起隔离放大作用,确保后级电路不会对正弦波振荡的频率产生影响;载波信号驱动器则是一个增益更高的小信号高频放大器,对载波信号进一步放大,使其能够满足低电平调幅对载波信号电平的要求。已调信号通过带通滤波器滤除高次谐波成分;高频功率放大器可以根据应用场合选择乙(B)类或丙(C)类功率放大器;耦合网络使末级功放输出阻抗与天线输入阻抗匹配。

高电平调幅发射机通常是直接在高频功率放大器上进行调幅,比如在前面介绍高频功率放大器时提到的基极调幅或集电极调幅;同时,它也是一个上变频器;然后,通过带通滤波器、天线耦合网络将已调信号发射出去(见图 5 – 43)。

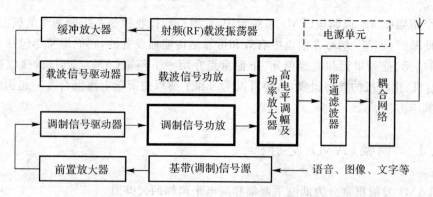

图 5 – 43　高电平 AM 发射机组成框图

在图 5 – 43 中,调制信号、载波信号、末级功放部分与图 5 – 42 所示基本上都是相同的,不同的地方在于载波信号和基带调制在进入高电平调幅电路之前还需要进行适当的功率放大,使它们能够有效驱动高电平调幅及功率放大器正常工作。注意到,在高电平调幅时,功率放大器要根据基极或集电极调幅而选择不同的工作状态(欠压或过压状态)。

5.3.2　调幅(AM)接收机

最古老的 AM 接收机是射频调谐(TRF)接收机,现在已基本不用,应用得最为广泛的还是超外差接收机。外差,就是指在一个非线性器件中将两个频率混合,即利用非线性混频,将一个频率变换成另一个频率。超外差接收机的基本组成框图如图 5-44 所示。其中,预选器主要是对频带进行初始限制,阻止不想要的射频信号(比如镜像干扰、中频干扰等)进入接收机;不过,在一些监测仪器或设备中(比如电磁环境频谱分析仪),为了能够接收所有的信号,则通常不加预选器。

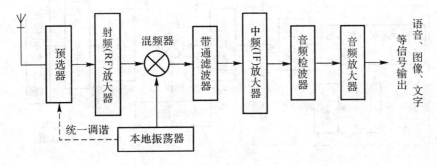

图 5-44　调幅(AM)信号超外差接收机组成框图

在射频前端(混频之前)对信号通过 RF 放大器进行预先放大,可以获得以下好处:一是能提高接收灵敏度;二是有助于抑制镜像频率;三是能提高信噪比;四是能增加系统的频率选择性。注意到,RF 放大器作为前级放大器,对整机系统的噪声系数具有决定性的影响。

中频(IF)部分通常由几级 IF 放大器和带通滤波器构成,常称为"中频通道"。再次提醒,这里的"中频"主要还是"中间环节"的频率之意,即混频之后得到的频率,在一般的接收机中通常是混频输出的"差频"部分。接收机的增益和选择性主要由这部分决定,因为采用超外差结构,中频通道的参数(如中心频率、带宽)都可以相对地固定下来(仪器设备则可以调节),而且频率相对较低,可以采用高增益和稳定性好的放大器,从而有效改善接收信号的质量和效果。

检波器将 IF 信号转换为原始的调制(基带)信号(源信息),在广播接收机中此检波器常称为"音频检波器"。以前这一部分多用简单的二极管检波电路或锁相环、平衡解调器构成,现在则多采用软件无件电技术,对 IF 信号进行 A/D 采样后进行数字化解调处理,再通过 D/A 或直接输出想要的各种信号或信息。

另外,射频(RF)与中频(IF)的频率范围与所用的系统有关,并没有一个特定的频率范围,比如:AM 广播的射频(RF)为 535～1 605 kHz,中频(IF)为 465 kHz;FM 广播的 RF 为 88～108 MHz,IF 为 10.7 MHz,可见 FM 的中频(IF)比 AM 的 RF 还要高。预选器中心频率与本地振荡器(本振,LO)频率要统一调谐,在某接收机的整个工作频段范围内,调谐过程中要保证本振(LO)频率比 RF 载波信号的频率高(或低)一个 IF 值。

5.3.3 调频(FM)发射机

调频(FM)发射机也有直接调频和间接调频两种类型。在低功率应用中,现在多采用一些专用集成芯片构成以压控振荡器(VCO)为核心的直接调频发射机,比如 MC2831A 集成调频发射机、MC2833 集成调频发射机,其中 MC2833 的发射功率比 MC2831A 要大得多,它们通常应用于无线电话和调频通信设备中,具有使用方便、工作可靠和性能优良等特点。下面,以一个调频广播发射机的组成框图为例,讨论一下间接调频(FM)发射机的构成原理(见图 5-45)。

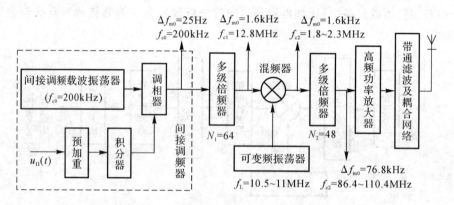

图 5-45   间接调频(FM)发射机组成框图

调频广播发射机载波频率范围 $f_c = 88 \sim 108$ MHz,基带(调制)信号频率范围 $F = 50$ Hz ~ 15 kHz,输出 FM 信号最大频偏 $\Delta f_m = 75$ kHz。间接调频的 FM 调制器载波频率为 $f_{c0} = 200$ kHz,由此生成的调频信号最大频偏 $\Delta f_{m0} = 25$ Hz(间接调频不可能得到大的频偏),所以间接调频的调制指数

$$m_{F0} = \left(\frac{25\,\text{Hz}}{50\,\text{Hz}} \sim \frac{25\,\text{Hz}}{15\,\text{kHz}}\right) = (0.5 \sim 1.67 \times 10^{-3}) \leqslant 0.5$$

要把窄带调频的频偏 $\Delta f_{m0} = 25$ Hz 提高到发射机要求的频偏 $\Delta f_m = 75$ kHz,就需要采用多级倍频器,总倍频的倍数 N 为

$$N = \Delta f_m / \Delta f_{m0} = 75 \times 10^3 / 25 = 3\ 000$$

为了与混频器配合得到发射机要求的载波频率 $f_c = 88 \sim 108$ MHz,$N = 3\ 000$ 的倍频器要在混频器前、后经多次倍频后获得。在要求最大频偏 $\Delta f_m = 75$ kHz 时,FM 信号带宽取决于调制信号的最高频率(15 kHz),相应的调制指数为(75/15 = 5),所以 FM 信号的带宽(B_{FM})近似为
$B_{FM} = 2 \times (5+1) \times 15 = 180$ kHz。

5.3.4 调频(FM)接收机

为了获得较好的灵敏度和选择性,与 AM 接收机一样,FM 接收机也多采用超外差式接收机结构(见图 5-46),已调 FM 射频信号通过混频以后经 IF 通道输出,再进行鉴频;当然,也可以采用软件无线电技术,对 IF 信号 A/D 采样数字化以后,在 CPU 中采用软件算法实现数字鉴频。

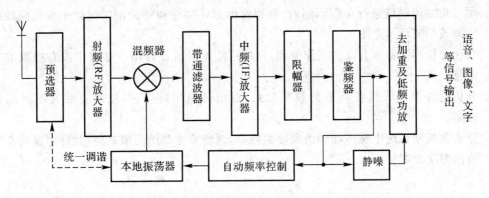

图 5-46 调频(FM)信号超外差接收机组成框图

在图 5-46 中的自动频率控制(AFC)电路,主要用于微调本振频率(f_L),使本振频率与 FM 信号载波频率(f_c)的差稳定保持在中频频率 $f_I = |f_L - f_c|$ 上(对于 FM 广播 $f_I = 10.7$ MHz),这对于提高 FM 接收机的整机选择性、灵敏度和保真度是特别有好处的。图 5-46 所示的静噪电路采用的是接在鉴频器输出端的方式,对噪声的响应更为敏感;去加重则是与 FM 发射机预加重相对应的特殊电路,在某些应用中(比如监测仪器设备)则不一定要有去加重电路。

当然,在现代常用 FM 接收系统中,会更多地采用集成调频接收机(比如 MC3362 单片调频接收机),可以把 FM 接收机的体积做得很小,功耗也非常低,可以集成在其他一些应用系统当中,比如现在的手机、导航仪和数字音频播放机等,都集成有调频广播接收机。

思 考 题

5-1 如图 5-47 所示是一个振幅调制波的频谱图,请写出这个已调波的数学表达式,并画出其调幅实现过程的原理框图。

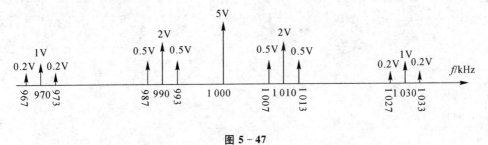

图 5-47

5-2 请推导检波电路不出现惯性失真和底部切割失真的条件。

5-3 比较叠加型同步检波与乘积型同步检波的异同,并同时比较叠加型同步检波与叠加型鉴相的异同。

5-4 详细比较 FM 与 ΦM 信号的区别与联系,特别注意分析采用间接调频时 FM 发射机的组成原理框图。

5-5 用三角波调制信进行角度调制时,分别画出 FM 波与 ΦM 波的瞬时频率变化曲线以及已调波的波形示意图。

5-6 对比分析不同鉴频方法的工作原理,并尽可能地自行设计出一些书中没有提到的鉴频电路。

5-7 分析超外差接收机各环节的频率关系,总结其应用特点,并给出克服其不足的解决方案。

5-8 分析调频制系统中噪声功率谱密度的特点,解释鉴频器的门限效应,并针对这两个问题给出解决方案。

第6章 反馈控制电路

上述几章分别讨论了高频谐振放大器、正弦波振荡器、模拟调制与解调电路等,由这些功能电路已经可以组成一个完整的高频应用系统,但是这样组成的系统在性能上并不完善。比如,调幅接收机会受到电波传播衰落的影响而导致解调输出信号的幅度时强时弱,有时还会造成阻塞;收发系统的载频应保持严格同步,但是在一些高速动运载体上,收发系统之间的相对运动必然会产生多普勒频移,因而将引入收、发系统载波之间的随机误差。所以,为了确保高频电子应用系统在复杂环境特别是电磁环境中能够正常工作,有必要对信号的幅度、频率和相位等参量进行自动控制,即需要相应地设计和应用自动增益控制电路(Automatic Gain Control,AGC)、自动频率控制电路(Automatic Frequency Control,AFC)和自动相位控制控制电路(Automatic Phase Control,APC)。其中,自动相位控制电路又称为锁相环路(Phase Locked Loop,PLL),是应用最广的一种反馈控制电路,要熟悉掌握它则需要对其进行专门地深入学习和探索,由于篇幅所限本书只介绍它的一些基本概念和典型应用,有兴趣或学有余力的读者可以参阅 PLL 相关的专著和教材。

6.1 自动增益控制(AGC)电路

自动增益控制电路(AGC)通常是高频接收设备中的重要辅助电路之一,其主要作用是使接收设备输出信号的电平(幅度或功率)保持稳定,故有时也称为自动电平控制电路(ALC)。接收机的输出电平高低取取于输入信号的电平和接收设备的增益(Gain)。在典型的高频应用系统(如导航、通信、遥测遥控和引信)中,受发射功率大小、收发距离远近、电波传播衰落等各种因素的影响,接收机的输入信号电平往往是随机的,而且变化范围很大,动态范围(最强与最弱的比值)可以达到几千甚至几万(即超过 60~80 dB)。因此,在接收弱信号时,就希望接收机的增益比较高,而接收强信号时则希望增益比较低,这样才能使输出信号保持适当的电平,不至于因输入信号太小而无法正常工作,也不至于因为输入信号太强而使接收机饱和或阻塞。所以,AGC 电路就是一种当输入信号电平变化时,采用改变接收机(放大电路)增益的方法使输出信号维持适当电平的一种反馈控制电路。

6.1.1 AGC 电路组成原理

作为一种负反馈控制电路,AGC 也必然包括反馈系统的典型环节,比如比较器、控制器和检测反馈回路等。AGC 的控制对象通常是可控增益放大器的增益(Gain),那么需要比较和检测的参量主要就是信号的电压(也可以是电流),故反馈系统中的比较器就采用电压比较器。典型的 AGC 电路基本组成原理如图 6-1 所示,特别提示其中的比较器符号($\otimes$)不要与前面的混频器混淆了。

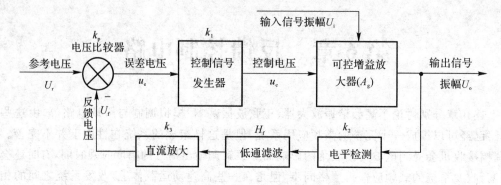

图 6 - 1　AGC 电路组成原理框图

1. 比较过程

设输入信号电压振幅为 U_i，输出信号电压振幅为 U_o；可控增益放大器的增益为 $A_g(u_c)$，即它是增益控制信号 u_c 的函数，于是有

$$U_o = A_g(u_c)U_i \qquad (6-1)$$

要注意到 AGC 电路与一般的反馈系统有所不同的是，AGC 输入信号电压振幅为 U_i 并不直接参与电压比较，而是通过一个参考电压信号 U_r 与反馈电压 U_f 进行比较，得到误差信号 (u_e)。增益控制信号发生器可以看作是一个比例环节，其输出 $u_c = k_1 u_e$，其中 k_1 为比例环节的增益系数。

若输入信号电压振幅 U_i 减小导致输出信号电压振幅 U_o 减小，环路产生的控制信号 u_c 将使可控增益放大器的增益 $A_g(u_c)$ 增大，从而使 U_o 趋于增大；反之，若 U_i 增大而使 U_o 增大时，控制信号 u_c 将使增益 $A_g(u_c)$ 减小，从而使 U_o 趋于减小。于是，通过"检测、反馈、比较和控制"环路不断地循环控制，使输出信号电压振幅 U_o 基本保持不变（或仅在很小范围内变化）。

2. 响应时间

AGC 电路通过对可控增益放大器的增益 $A_g(u_c)$ 控制来实现对输出信号振幅变化的限制，而增益的变化又取决于输入信号振幅 U_i 的变化。因此，AGC 电路的反应时间既要跟得上输入信号振幅的变化，但又不能太快以致引起信号的反调制现象（即输出信号振幅随 AGC 控制而出现比较快的变化）。这是 AGC 电路必须满足的响应时间特性要求，取决于输入信号振幅 U_i 的类型和特点。

根据响应时间长短的不同，AGC 可分为慢速 AGC 和快速 AGC 两类。响应时间的长短由控制环路的带宽决定，其中主要是低通滤波器的带宽。低通滤波器的带宽越宽，则响应时间越短（响应快），但容易出现反调制现象。

3. 动态范围

AGC 电路利用 u_c 控制 $A_g(u_c)$ 使输出信号振幅 U_o 尽量维持在 $U_{o0} = A_g(0) \cdot U_{i0}$ 附近，其中 $A_g(0)$ 和 U_{i0} 是设定某一参考电压 U_r 后 $u_c = 0$ 时的放大器增益和输入信号振幅。当 U_i 在一定范围内变化时，尽管 AGC 电路能够大大减小 U_o 的变化，但电路达到平衡状态后，仍会有误差电压（即 $u_e \neq 0$）。

从对 AGC 电路的实际要求考虑：一方面，希望 U_o 的变化越小越好，即与理想的振幅 U_{o0} 之间误差越小越好；另一方面，也希望容许输入信号振幅 U_i 的变化范围越大越好，这样就会有比较好的控制效果。也就是说，在给定的 U_o 变化范围之内，容许 U_i 的变化范围越大越好，即 AGC 电路的动态范围越宽，性能越好。

设 AGC 电路限定的输出信号振幅 U_o 的最大（U_{omax}）与最小（U_{omin}）之比（也称为输出动态范围）为 $D_o = U_{omax}/U_{omin}$，容许的输入信号振幅 U_i 的最大（U_{imax}）与最小（U_{imin}）之比（也称为输入动态范围）为 $D_i = U_{imax}/U_{imin}$，则有

$$\frac{D_i}{D_o} = \frac{U_{imax}/U_{imin}}{U_{omax}/U_{omin}} = \frac{U_{omin}/U_{imin}}{U_{omax}/U_{imax}} = \frac{A_g(u_{cmax})}{A_g(u_{cmin})} = N_g \qquad (6-2)$$

式中　　$A_g(u_{cmax})$—— 输入信号振幅最小（U_{imin}）时可控增益放大器的增益，它表示了 AGC 电路的最大增益；

　　　　$A_g(u_{cmin})$—— 输入信号振幅最大（U_{imax}）时可控增益放大器的增益，它表示了 AGC 电路的最小增益；

　　　　N_g——AGC 可控增益放大器的增益控制倍数。

增益控制倍数 N_g 越大，表明 AGC 电路输入动态范围越大而输入动态范围越小，则 AGC 的性能越好。在工程中，N_g 也称为"增益动态范围"（常用分贝数表示），并要求可控增益放大器的增益控制倍数 N_g 尽可能地大。

4. 电路类型

根据输入信号的类型、特点以及控制要求，AGC 电路主要有两种类型，即简单 AGC 电路和延迟 AGC 电路，它们的输入-输出特性如图 6-2 所示。

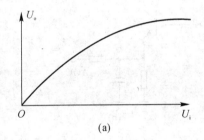
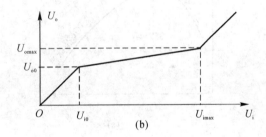

图 6-2　AGC 电路输入-输出特性
(a) 简单 AGC；　(b) 延迟 AGC

在简单 AGC 电路中，一般设参考电压 $U_r = 0$，只要 U_i 增大，AGC 就会使 A_g 减小，从而使 U_o 减小（见图 6-2(a)）。这种电路结构简单，不需要电压比较器，但是对弱信号的接收很不利，因为输入信号很小时，放大器的增益仍然受到反馈控制作用而减小，从而使接收灵敏度降低。所以，简单 AGC 电路只适用于输入信号振幅比较大的场合。

在延迟 AGC 电路中，$U_r > 0$，它对应的输入信号即为 U_{i0}。当输入 $U_i < U_{i0}$ 时，反馈环路断开，AGC 不起作用，A_g 不变，输出 U_o 与 U_i 呈线性关系，对弱信号输入也有较好的灵敏度；当 $U_i > U_{i0}$ 时，反馈环路接通，AGC 产生误差信号控制 A_g 有所减小，保持输出 U_o 基本不变（见图 6-2(b)）。这种 AGC 电路由于需要"延迟"到 $U_i > U_{i0}$ 时才开始起控制作用，故称为"延迟 AGC"。注意：这里的"延迟"并不是指时间上的滞后，而是指电平的比较有一个门限。

在现代软件无线电中，还可以采用软件算法实现 AGC，常称为"软件 AGC"（SAGC），相应

地上述 AGC 电路则称为"硬件 AGC"(HAGC)。通过简单的参数设置 SAGC 即可实现快 AGC、慢 AGC 和简单 AGC、延迟 AGC 的效果和功能,应用起来非常方便。在现代软件无线电接收机中,往往同时具有 HAGC 和 SAGC,可以单独发挥作用,也可以同时工作,可以根据实际的信号情况灵活选择。

6.1.2 可控增益放大器

可控增益放大器是 AGC 电路的核心,在控制电压 u_c 的作用下改变增益。这部分电路通常与整个接收系统共用,并不单独属于 AGC 电路。比如,接收的高频、中频放大器,既是接收机的信号通道,又是 AGC 电路的可控增益放大器。如果单级增益变化范围不能满足要求时,还可采用多级控制的办法,一个基本的要求是控制电压 u_c 只改变放大器增益而不会使传输的信号失真。

控制放大器增益的方法主要有两种。一种是通过改变放大器本身的某些参数,如发射极电流、负载、电流分配比、恒流源电流和负反馈大小等,来控制增益;另一种方法是插入可控衰减器来改变整个放大器的增益。

比如,晶体管放大器的增益取决于晶体管正向传输导纳 $|y_{fe}|$,而 $|y_{fe}|$ 又与晶体管静态工作点有关,所以改变发射极平均电流 I_E 就可以使 $|y_{fe}|$ 随之改变,从而达到控制增益的目的。典型的 AGC 晶体管 $|y_{fe}|$-I_E 特性曲线如图 6-3(a) 所示。

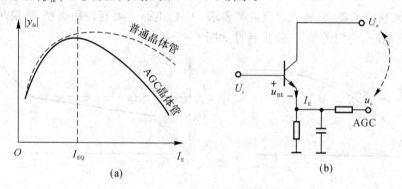

(a)   (b)

图 6-3   晶体管 $|y_{fe}|$-I_E 特性曲线

(a) 特性曲线;   (b) 反向 AGC

把静态工作点选在 I_{EQ} 点,当 $I_E < I_{EQ}$ 时,$|y_{fe}|$ 随 I_E 的减小而下降,称为反向 AGC。如图 6-3(b) 所示,控制电压 u_c 增大使 I_E 减小,于是 $|y_{fe}|$ 减小;当 $I_E > I_{EQ}$ 时,$|y_{fe}|$ 随 I_E 的增加而下降,称为正向 AGC(此时控制电压可以从基极加入,电路连接方式请读者自行画出)。反向 AGC 的优点时工作电流 I_E 比较小,对晶体管的安全工作有利,但工作范围比较窄;正向 AGC 正好相反。为了克服正向 AGC 的工作电流大的不足,在制作 AGC 晶体管时往往使其 $|y_{fe}|$-I_E 特性曲线的峰值点向左移,同时使峰值点右端的曲线斜率增大。所以,专供 AGC 使用的晶体管大多是正向 AGC 管。

在集成电路中,常采用差分放大器发射极负反馈增益控制电路,此时 u_c 一般应随 U_i 的增大而减小。还可以利用 PIN 二极管的导通电阻 (r_d) 随其正向电流变化剧烈的特点(正向电流在几毫安内变化时,导通电阻变化范围 $10\ \Omega \sim 10\ k\Omega$),由二极管和电阻组成分压电路,由 AGC

控制电压 u_c 控制二极管导通电阻从而改变分压比，来达到对信号衰减量控制的目的，常称之为电控衰减器增益控制 AGC 电路。

6.2　自动频率控制(AFC) 电路

自动频率控制(AFC)电路与 AGC 的主要区别是控制对象不同，AFC 的控制对象是信号的频率，AGC 的对象是信号的振幅(电平)，两者都是负反馈控制电路。AFC 的主要作用是自动控制振荡器的振荡频率，在发射机中常用来提高振荡频率的稳定度；在接收机中可以微调本振频率以稳定中频，或者利用 AFC 电路构成调频解调器(鉴频器)，以改变鉴频器的门限效应。

6.2.1　自动频率控制 AFC 基本原理

自动频率控制(AFC)电路的组成原理框图如 6-4 所示，主要由频率比较器、低通滤波器和可控频率电路(压控振荡器 VCO)等三部分组成。

1. 频率比较器

频率比较器其实就是一个鉴频器，其输出的误差电压 u_e 反映的是参考信号和反馈信号这两个信号的频率差，即

$$u_e = k_p(f_r - f_o) \qquad (6-3)$$

式中　　k_p——频率比较器的增益系数，实际上是鉴频跨导；

　　　　f_r——参考信号的频率；

　　　　f_o——反馈(输出)信号的频率。

由此可见，误差电压 u_e 只与信号的频率有关，而与信号的幅度无关。显然，凡是参检测出两个信号频率差并将其转换成电压(或电流)的电路都可以作为 AFC 的频率比较器，所以它本质上就是一个鉴频器，有参考信号(f_r)时实际上是一个混频-鉴频器。

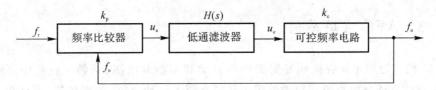

图 6-4　AFC 电路组成原理框图

当没有外加参考信号时，频率比较器作为一个鉴频器，实际上是把鉴频器的中心频率(f_c)作为参考频率来用，常用于将输出频率稳定在某一固定值的场合。采用混频-鉴频器作为频率比较器时，当参考频率 f_r 与反馈(输出)频率 f_o 之差等于鉴频器中心频率(f_c)时，输出误差电压 $u_e = 0$，可控频率电路输出频率不变，环路锁定；否则有误差电压$(u_e \neq 0)$输出，控制输出信号频率向希望的频率改变。

2. 可控频率电路

可控频率电路实际上就是一个压控振荡器(VCO)，即在控制电压 u_c 的作用下改变输出信

号的频率 f_o。通常，$u_c - f_o$ 之间的关系是非线性的，在一定的范围之内可以近似地表示为线性关系，即可控频率电路的控制特性：

$$f_o = f_{oc} + k_c u_c \qquad (6-4)$$

式中　　k_c——可控频率电路的常系数，即压控灵敏度；

　　　　f_{oc}——控制电压为零时的输出频率，即环路锁定频率。

3. 低通滤波器

既然误差电压信号 u_e 的大小和极性反映的是频率差（$\Delta f = f_r - f_o$）的大小和极性，那么 u_e 的变化快慢（频率）就反映了频率差（Δf）随时间变化的快慢。因此，低通滤波器的作用就是用来限制反馈环路中频率差（Δf）的变化快慢，只允许 Δf 变化较慢的信号通过并实现反馈控制，滤除 Δf 变化比较快的信号使之不产生反馈作用。当 u_e 为慢变化电压时，此低通滤波器的传递函数 $H(s)$ 可近似认为是 1。

此外，频率比较器和可控频率电路（压控振荡器 VCO）都是惯性环节，即误差信号的输出相对于频率信号的输入有一定的延时，输出频率的改变相对于误差（控制）信号的加入也有一定的延时。这种延时特性可以在低通滤波器的设计中一并考虑，选择适当的调节时间以达到整体延时的要求。

4. 跟踪特性

从控制系统分析的角度来看，虽然在稳态情况下可以认为低通滤波器的传递函数近似为 $H(s) = 1$，那么整个系统相当于一个比例环节，但是输出信号的频率 f_o 即使达到稳态，输出频率 f_o 与参考频率 f_r 之间仍然会存在误差 $\Delta f/(1+k_c k_p)$。所以，AFC 电路是有频率误差的频率控制电路，这种误差称为 AFC 频率跟踪误差。

显然，增大 k_p（鉴频跨导）和 k_c（压控灵敏度）有利于减小 AFC 频率跟踪误差。由于 k_p 和 k_c 受到器件特性的限制不可能做得很大，因此除了选择较好的器件以外，还可以在低通滤波器与可控频率电路之间增加一个放大环节（直流放大器或电压增益大于 1 的有源低通滤波器），同样可达到减小稳态误差的效果。

6.2.2　AFC 应用举例

AFC 电路广泛用于接收机和发射机中的自动频率微调电路、调频接收机中的解调电路等，在第 5 章的 FM 接收机组成原理框图中已经介绍了一种 AFC 应用场景，下面再介绍一个 AFC 电路的典型应用实例——调频发射机中心频率自动控制。

如图 6-5 所示为应用 AFC 电路稳定调频发射机中心频率的原理框图。其中调频振荡器的中心频率为 f_c，晶体振荡器输出参考信号频率为 f_r，混频器输出的额定中频频率为（$f_r - f_c$），鉴频器中心频率也设置在该频率上。由于晶体振荡器输出的参考频率 f_r 稳定度很高，因此混频器输出端产生的频率误差 $f_r - f_c$ 主要是由 f_c 的不稳定所导致。

通过 AFC 电路的自动调节作用，可以减小频率误差的值，使 f_c 趋于稳定。但是必须注意，在这种 AFC 电路中，低通滤波器的带宽应足够窄，一般小于几十赫兹，要求能滤除调制（基带）频率分量，使加到调频振荡器的控制电压仅仅是反映信号中心（载波）频率漂移的缓变电压。

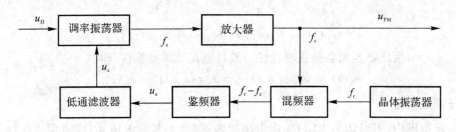

图 6 - 5　调频发射机中 AFC 电路

6.3　锁相环路(PLL)

锁相环路(PLL)作为一种调整输出信号相位、消除频率误差地反馈控制电路,由于可以无静差的实现频率跟踪,因此在高频电子系统中的应用十分广泛。在早期,主要应用于电视接收机的同步系统,使图像的同步性能得到极大改善;20 世纪 50 年代后期,随着空间技术的发展,PLL 技术用于接收来自空间的微弱信号,显示出了巨大的优越性。到了 1960 年代中后期,集成 PLL 的出现使 PLL 技术应用范围更加广泛,几乎遍及雷达、制导、导航、遥控、遥测、通信、仪器、测量、计算机以及不间断电源(UPS)等整个电子技术领域和一般工业技术领域,且一直向着多用途、集成化、系列化、高性能等方向不断发展。PLL 可以分为模拟 PLL 和数字 PLL,下面简要介绍一下模拟 PLL 的基本原理和典型应用。

6.3.1　PLL 的基本工作原理

基本的锁相环路(PLL) 由鉴相器(PD)、环路低通滤波器(LF) 和压控振荡器(VCO)等三个部分组成(见图 6 - 6)。

1. 鉴相器

鉴相器(PD) 是 PLL 的相位比较电路,用来比较输入参考信号 $u_i(t)$ 与压控振荡器(VCO)输出信号 $u_o(t)$ 之间的相位,其输出误差电压 $u_e(t)$ 即反映了两个信号之间的相位差 $\varphi_e(t) = \varphi_i(t) - \varphi_o(t)$,即

$$u_e(t) = f[\varphi_e(t)] = f[\varphi_i(t) - \varphi_o(t)] \tag{6-5}$$

式中　　$\varphi_i(t)$ ——输入参考信号 $u_i(t)$ 的瞬时相位;

　　　　$\varphi_o(t)$ ——VCO 输出信号 $u_o(t)$ 的瞬时相位。

图 6 - 6　锁相环路(PLL) 基本组成

当 $\varphi_e(t) < \pi/6$ 时,可以近似认为鉴相器工作于线性鉴相区,设鉴相器的鉴相系数为 k_d,则

式(6-5)可以改写为

$$u_e(t) = k_d \varphi_e(t) = k_d [\varphi_i(t) - \varphi_o(t)] \tag{6-6}$$

若 $\varphi_e(t) > \pi/6$,乘法器鉴相器的鉴相特性一般具有正弦函数特性,即

$$u_e(t) = k_d \sin[\varphi_e(t)] = k_d \sin[\varphi_i(t) - \varphi_o(t)] \tag{6-7}$$

2. 压控振荡器

在一定范围内,可以认为 VCO 输出振荡频率 $\omega_c(t)$ 与控制电压 $u_c(t)$ 近似成线性关系,即

$$\omega_c(t) = \omega_0(t) + k_c u_c(t) \tag{6-8}$$

式中 $\omega_0(t)$——VCO 的固有振荡频率,即未施加控制电压时的振荡频率;

k_d—— VCO 特性曲线线性部分的斜率,表示单位电压所能产生的角频率变化,通
常称为压控灵敏度,rad/(s·V)。

由鉴相特性可知,VCO 输出至鉴相器,对鉴相器(PD)直接发生作用的不是瞬时角频率,
而是瞬时相位。因此,就整个环路而言,VCO 应该以其输出信号的瞬时相位变化作为输出量,
即以相位($\omega_0 t$)为参考相位的瞬时相位为

$$\varphi_o(t) = k_c \int_0^t u_c(\tau) d\tau \tag{6-9}$$

所以,VCO 在 PLL 环路中相当于一个积分环节。若采微分算子 $p = d/dt$,则积分算子为 $1/p$,
那么式(6-9)可以表示为

$$\varphi_o(t) = \frac{k_c}{p} u_c(t) \tag{6-10}$$

这就是 VCO 的在 PLL 中的数学模型。

3. 低通滤波器

环路低通滤波器(LF)的作用是滤除相位比较器输出信号中的高频部分并抑制噪声,以保
证达到要求的性能,并提高环路的稳定性。在 PLL 中,常用的环路低通滤波器(LF)有 RC 积分
滤波器、无源比例积分滤波器和有源比例积分滤波器等。

6.3.2 环路锁定的基本概念

设环路输入信号的角频率(ω_{i0})与相位(φ_{i0})不变。在环路刚闭合的瞬间,控制电压 $u_c = 0$,
那么 VCO 输出的瞬时角频率为 $\omega_c(t) = \omega_0$,无控制角频率差,此时可认为环路的瞬时角频率
差就是输入固有角频率差。

随着时间 t 的增加,很快就有控制电压的产生,于是存在控制角频率差。假设通过 PLL 环
路的作用,能够使控制角频率差逐渐加大,这样就会使环路的瞬时角频率差减小,因为二者的
代数和等于输入固有角频率差。当控制角频率差增大到与输入固有角频率差 $\omega_{i0} - \omega_c(t) = \omega_{i0} -$
ω_0 时,瞬时角频率差 $p\varphi_e(t)$ 为零,即

$$\lim_{t \to \infty} p\varphi_e(t) = 0 \tag{6-11}$$

这时,$\varphi_e(t)$ 不再随时间变化,即为一个常数。若能一直保持下去,则认为锁相环进入"锁定
状态",式(6-11)就是锁定状态应该满足的条件,注意其中"p"为微分算子(d/dt)。环路进入锁
定状态后的特点:

1) 压控振荡器(VCO)受环路的控制,振荡角频率从固有角频率 ω_0 变为

$$\omega_{\mathrm{c}}(t) = \omega_0 + \Delta\omega_0 = \omega_{\mathrm{i0}} \qquad (6-12)$$

即 VCO 输出信号的有频率 $\omega_{\mathrm{c}}(t)$ 能够跟踪输入信号的角频率 ω_{i0}。

2) 环路进入锁定以后,没有剩余频差,即满足式(6-11);也就是说,输入信号与 VCO 输出信号之间只存在一个固定的稳态相位差($\varphi_{\mathrm{e\infty}}$)。

3) 环路进入锁定状态时,鉴相器的输出电压为直流,即 $u_{\mathrm{e}}(t) = k_{\mathrm{d}}\sin\varphi_{\mathrm{e\infty}}$。

4) 稳态相位差 $\varphi_{\mathrm{e\infty}}$ 的作用是使环路所产生的控制角频率差等于环路固家角频率差,即环路处于锁定状态。

对于能够在输入信号的角频率和相位不变时进入锁定状态的环路,当输入信号的角频率和相位改变时,通过 PLL 环路的作用,也可以在一定范围内使 VCO 输出的角频率和相位不断地跟踪输入信号的角频率和相位,这种状态称为“跟踪状态”。换言之,PLL 的“锁定状态”是针对固定频率、相位输入而言的,“跟踪状态”是针对变化频率、相位输入而言的,实现上这两者在本质上并没有区别,所以有时不加区分地把两种状态都称为“锁定状态”。如果 PLL 环路不处于锁定或跟踪状态,则必然处于“失锁状态”。

6.3.3　锁相环应用举例

在第 5 章中介绍了一个采用 PLL 进行鉴频的应用实例,实际上应用 PLL 还可以锁相倍(分)频、锁相混频、锁相调频、窄带跟踪接收,等等,几乎是无所不能。在实际应用中,利用集成电路技术,可以很方便地把 PLL 制成单片形式(NE56X 系列或 L56X 系列、CD4046 等),不仅体积小、质量轻、调试使用方便,而且还能提高锁相环路的标准性和可靠性。在一般的应用中,可以在了解 PLL 原理的基础上直接参考芯片手册的推荐电路即可实现想要的功能。本书限于篇幅,这里只简单介绍采用 PLL 进行锁相倍频和分频的例子,它们在频率合成当中应用得十分广泛。

1. 锁相倍频电路

锁相倍频电路的组成原理如图 6-7 所示,它是在基本 PLL 的基础上增加了分频器。那么鉴相器(PD)的两个输入信号的角频率分别为 $\omega_{\mathrm{i}}(t)$ 和 $\omega_2(t) = \omega_{\mathrm{o}}(t)/N$。根据锁相原理,当环路锁定后有 $\omega_{\mathrm{i}}(t) = \omega_2(t) = \omega_{\mathrm{o}}(t)/N$,即有 $\omega_{\mathrm{o}}(t) = N\omega_{\mathrm{i}}(t)$。若采用高分频次数的可变数字分频器,则锁相倍频电路可以做成高倍频次数的可变倍频器,与普通的倍频器相比,它具有以下优点:

1) 锁相倍频器具有良好的窄带滤波特性,容易得到高纯度的频率输出;而在普通的倍频器输出中,往往出现比较大的谐波干扰。

2) 锁相环路具有良好的跟踪特性和滤波特性,那么在输入信号频率有较大范围的漂移并同时伴有噪声的情况下,锁相倍频器就兼有倍频和滤波的双重作用。

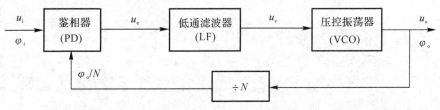

图 6-7　锁相倍频电路原理框图

2. 锁相分频电路

锁相分频电路与锁相倍频电路的原理类似,只要在基本 PLL 的反馈通道中插入倍频器即组成了基本的锁相分频电路(见图 6-8),其工作原理读者可以自行分析,最后得到 $\omega_o(t) = \omega_i(t)/N$。

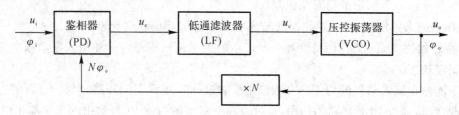

图 6-8　锁相分频电路原理框图

思　考　题

6-1　比较简单 AGC 与延迟 AGC 的异同,解释"延迟"的含义。

6-2　完成正向 AGC 的原理电路设计。

6-3　对比分析 AFC 与 PLL 在环路锁定时的状态异同。

6-4　阐述 PLL 的基本原理,完成锁相分频电路的原理分析。

参 考 文 献

[1] 张肃文. 高频电子线路[M]. 5版. 北京:高等教育出版社,2009.

[2] 万国峰,王建华,马安仁,等. 高频电子线路[M]. 北京:国防工业出版社,2014.

[3] 王卫东,等. 高频电子电路[M]. 3版. 北京:电子工业出版社,2014.

[4] 曾兴雯,刘乃安,陈健,等. 高频电路原理与分析[M]. 5版. 西安:西安电子科技大学出版社,2013.

[5] 陈光梦. 高频电路基础[M]. 上海:复旦大学出版社,2011.

[6] 张玲丽. 高频电子线路[M]. 北京:冶金工业出版社,2013.

[7] 鲍景富. 高频电路设计与制作[M]. 成都:电子科技大学出版社,2012.

[8] 林春方. 高频电子线路[M]. 北京:电子工业出版社,2010.

[9] 张海燕,苏新红. 高频电子电路[M]. 北京:北京邮电大学出版社,2010.

[10] 宋树祥,周冬梅. 高频电子线路[M]. 北京:北京大学出版社,2010.

[11] 沈伟慈. 高频电路[M]. 西安:西安电子科技大学出版社,2000.

[12] 张海燕,苏新红. 高频电子电路与仿真设计[M]. 北京:北京邮电大学出版社,2010.

[13] 吉健. 高频电路基础[M]. 北京:机械工业出版社,1992.

[14] 康华光,陈大钦. 电子技术基础模拟部分[M]. 4版. 北京:高等教育出版社,2003.

[15] 蔡希尧. 雷达系统概论[M]. 北京:科学出版社,1983.

[16] 向新. 软件无线电原理与技术[M]. 西安:西安电子科技大学出版社,2008.

[17] 徐兴福. ADS2008 射频电路设计与仿真实例[M]. 北京:电子工业出版社,2011.

[18] 廖晓光. 军事无线电管理概论[M]. 北京:解放军出版社,2003.

[19] 苗倩,侯洪庆,于传强. 基于 Multisim 的单失谐振幅鉴频电路仿真[J]. 实验技术与管理,2015,32(3):141-143.

[20] 苗倩,余志勇,侯洪庆,等. Multisim 仿真软件在高频电子线路教学中的应用与探讨[J]. 现代电子技术,2014,37(20):127-129,133.

[21] 梁丽芳. 高频电路实验教学改革与探索[J]. 实验室科学,2017,20(2):147-150.

[22] 张文菊,钟玲玲,姚玲. 以工程应用能力为导向的高频电路教学改革[J]. 上饶师范学院学报,2017,37(3):65-69.

[23] 陈芳妮. 高频电子线路课程教学改革探讨[J]. 浙江科技学院学报,2011,23(4):329-332.